CHANGE
THROUGH
COOPERATION

持续改变

[芬]本·富尔曼 Ben Furman
[芬]塔帕尼·阿赫拉 Tapani Ahola 著
[芬]李红燕 译

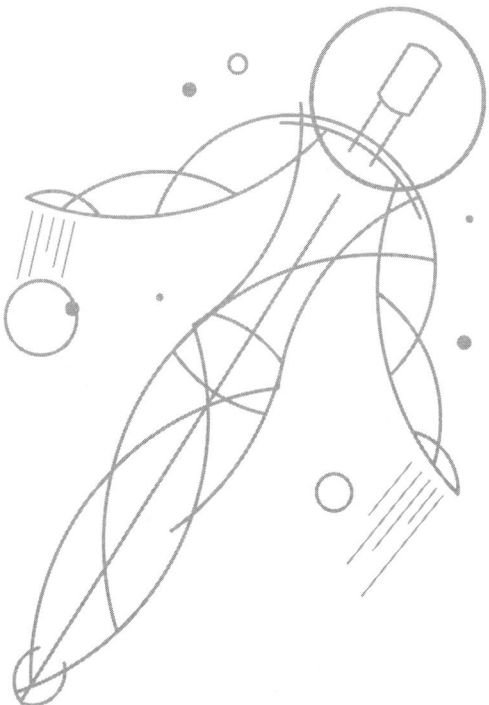

华夏出版社
HUAXIA PUBLISHING HOUSE

图书在版编目（CIP）数据

持续改变/（芬）本·富尔曼，（芬）塔帕尼·阿赫拉著；（芬）李红燕译. —北京：华夏出版社有限公司，2021.10
书名原文：Change Through Cooperation
ISBN 978-7-5222-0145-0

Ⅰ.①持… Ⅱ.①本… ②塔… ③李… Ⅲ.①心理学－通俗读物 Ⅳ.①B84-49

中国版本图书馆 CIP 数据核字(2021)第 134366 号

Change Through Cooperation by Ben Furman with Tapani Ahola
Copyright © Ben Furman and Tapani Ahola, 2007
Simplified Chinese copyright © Huaxia Publishing House Co., Ltd.
All rights reserved.

版权所有，翻印必究。
北京市版权局著作权合同登记号：图字 01- 2020-2692 号

持续改变

著　　者	[芬]本·富尔曼　[芬]塔帕尼·阿赫拉
译　　者	[芬]李红燕
策划编辑	王凤梅　卢莎莎
责任编辑	王凤梅　卢莎莎
版权统筹	曾方圆
责任印制	刘　洋
装帧设计	殷丽云
出版发行	华夏出版社有限公司
经　　销	新华书店
印　　刷	三河市万龙印装有限公司
装　　订	三河市万龙印装有限公司
版　　次	2021 年 10 月北京第 1 版　2021 年 10 月北京第 1 次印刷
开　　本	880×1230　1/32 开
印　　张	5.5
字　　数	98 千字
定　　价	49.80 元

华夏出版社有限公司　地址：北京市东直门外香河园北里 4 号　邮编：100028
网址：www.hxph.com.cn　电话：(010) 64663331（转）

若发现本版图书有印装质量问题，请与我社营销中心联系调换。

目 录

001 / 译　序

001 / 前　言

001 / 第一章　什么是重建？

005 / 第二章　重建的特别之处

007 / 第三章　建立动机的五大要素

011 / 第四章　总览重建的教练流程

021 / 第五章　分步详解重建的教练流程

097 / 第六章　用重建解决问题

105 / 第七章　如何为有个人目标的小团体进行重建

121 / 第八章　如何为团队协作进行重建

137 / 第九章　风暴之后：如何帮助组织从重大变革中复原

143 / 第十章　走出困境：关于工作环境调查问卷的处理

147 / 第十一章　微重建

153 / 第十二章　战胜生命中的不幸

163 / 后　记

译 序

也许有人会好奇，市场上已经有那么多关于焦点解决短程治疗的书籍了，富尔曼先生这本薄薄的讲述"重建"教练方法的书有什么特别之处呢？

前两天，一位小学老师偶然联系到我，激动地跟我分享她看过富尔曼先生的《儿童技能教养法》之后，首次尝试运用书中的方法帮助一个五年级男孩的故事："……我并没有完全搞懂那些步骤背后的原理，只是照猫画虎地跟他进行了有关学习技能的对话，没想到这个一向令我头疼的孩子，这一次居然那么配合。现在，半年的时间过去了，这个孩子还在持续地进步，这实在是太神奇了！"是的，这就是富尔曼老师发明的这些教练工具的魅力。跟"儿童技能教养法"相似，"重建"是一个由12个步骤组成的教练工具，不仅能够用于做团队建设，还能帮助人们用与人合作的方式提升自己，实现自己的目标。你无须懂得焦点解决心理学，重建教练流程简单易懂，一学就会，一用就灵。只要你能够按照步骤认真去尝试，就会开启一段愉快的合作成长之旅，并在过程中领悟焦点解决心理学的精髓，就像那位小学老师说的："我觉得，我和那个男孩的对话，改变了我们两个人之间的关系。这一点可能是引发那个男孩持续改变的关键所在。"

精神科医生出身的富尔曼先生，被誉为当今世界极富创新的焦点解决培训师。他的梦想是"让焦点解决心理学服务普罗大众"，因此发明了很多焦点解决的工具和方法，比如为解决儿童和青少年问题所研发的"儿童技能教养法（Kids' Skills）"和"承担责任六步法（Steps of Responsibility）"；"重建"和"合作"则是他运用焦点解决心理学为企业发展为合作型组织所做出的重要创新。

"重建"诞生于20世纪90年代。那时的芬兰遭遇了严重的经济危机。大量的企业兼并和重组给企业运作带来了很多挑战，企业各部门之间甚至团队内部的合作都面临很多问题。一些企业发现，很多"抱病的员工"都来自同一个部门。富尔曼先生因此受邀为企业高管做辅导或为整个部门做团队建设。他将自己过往个案咨询的经验移植到团队建设的教练中。他发现，几乎不需要对已有的教练技术做太多改变，就可以有效地跟团队开展工作，效果显著。据此，他把自己辅导团队建设的一系列好问题整理成一个12步层层递进的通用教练流程，起名为"重建"（Reteaming），为的是让教练、咨询师和管理人员借助这些好问题，挖掘团队已有资源，激发团队成员的热情，用目标导向的方法展开富有成效的建设性对话，引导企业团队创建更好的未来。

"重建"作为一种简单的通用教练流程，在全世界范围收到了很多积极反馈，也受到越来越多的欢迎和好评。目前它已经在世界各地被译成超过十种语言出版，而重建认证教练遍布世界二十七个国家（包括中国）。这一教练流程不仅获得了国际焦点解决圈子里的同行的认可，也被普通人所喜爱，把它作为一个自我提升的工具，用于改变思维模式，解决生活中遇到的各种实际问题。富尔曼先生在中国举办的一系列重建工作坊就是围绕"个人成长""青少年辅导""创伤疗愈"和"团队建设"等不同的主题展开的。

　　富尔曼先生的授课朴实亲切，轻松有趣，又直抵人心，深受各界人士的欢迎。跟随富尔曼先生学习焦点解决是一件很享受的事，也令人着迷。很多中国学员一次又一次地来到他的工作坊，他们说："生平第一次爱上学习，理解了为什么快乐地学习才能令学习持续。"一些学员说："在很多导师课上需要花很多时间和心力去消化和吸收焦点解决的理念，怎么到了富尔曼老师这里开开心心地听一些故事、做一些练习，就好似开了窍呢？"我自己也有同感。学习教练技术之初，一直无法找到"教练状态"，不知道怎样可以做到"全然好奇地，不带评判和建议地"倾听。然而，借助富尔曼先生设计的那些教练工具，这样的状态似乎可以"浑然天成"。他设计开发的基于焦点解决理念的"自我帮助应用软件"让被教练者直接与"机器人"展开对话，仅仅借助这些好问题就能完成自我救赎，找到适合自己的解决方案。

受米尔顿·埃里克森的影响，富尔曼先生深信"解决方案就在来访者的手中"，他重视在对话中为来访者创造诙谐轻松的支持氛围，开启来访者自身的创造性思维。因此，无论是在帮助孩子解决问题的 15 步儿童技能教养法中，还是在帮助成年人实现目标或做团队建设的 12 步重建教练流程里，你都会看到"有趣"和"合作"这两个重要元素，你甚至可以说，它们就是富尔曼式焦点解决短程治疗的 DNA。在教练过程中引入"支持者"和"庆祝"的步骤，可以自然地调动来访者身边的资源，营造有趣和合作的对话氛围，改善来访者与身边重要他人之间的关系。尤其是在团队教练中，教练"隐身"在那些好问题背后，可以自然地回归"教练状态"，让团队成员成为彼此的支持者，为彼此赋能，提升团队的凝聚力，改善团队内部的合作。这也许就是富尔曼式教练可以事半功倍的秘密吧。

富尔曼先生说："我承认我有点儿疯魔。焦点解决这么美妙的心理学工具，我的梦想就是让天底下每个人都能学习它，使用它，并从中获益。"也许，我被他的"疯魔"感染了。希望借助这本小册子的出版，让更多的人了解一些焦点解决的理念，改变思维方式，让我们的生活多一些轻松有趣，多一些合作和感恩！

李红燕

2021 年 6 月于芬兰

前　言

我（精神科专家）和塔帕尼·阿赫拉（社会心理学家）从1985年开始合作，在焦点解决短程治疗领域做培训师。自20世纪90年代起，我们的工作范围开始逐步拓宽，前来求助的客户不再局限于那些传统意义上面临问题的个人和家庭，也有一些企业的团队和部门，甚至是整个公司。

我们发现，几乎不需要在原有的辅导家庭和个人的工作模式上做太多改变，就可以有效地跟团队开展工作，因为同样的原理完全适用于团队教练。

焦点解决的原理相当简单：不纠结问题，而是聚焦于目标和进步。咨询师和教练的职责就是帮助客户确认哪些具体的改变或目标可以带给他们想要的进展，辨认出在实现目标的路上已经发生的那些细微的进步和改变，并帮助他们发现更多对实现目标有用的资源，这是焦点解决方法中不可或缺的部分。我们所创建的短程教练流程就是基于这样一个基本假设：来访者自身拥有切实可行的解决问题的点子——也许他们暂时还没有意识到。我们的职责就是帮助他们意识到自己的这些好点子，为他们提供教练，把这些点子付诸实践。

在用焦点解决做团队教练获得了经验之后，我们产生了强烈的分享冲动，希望能够把这种方法分享给我们的同行、学员以及那些仍然在苦苦寻觅团队建设解决方法的专业人员。我们创建了一个有步骤的、易于理解的、连贯的教练流程，并为此兴奋不已。

为了更好地分享这些经验，我们还设计制作了一个教练流程工作手册，里面有一些可爱的卡通图片，对这个流程的每一步做详细的解释。这个手册主要是为团队建设设计的，为的是帮助团队提升效能、提高合作能力。我们把这个手册命名为"重建"（Reteaming），代表我们创建的那个帮助团队改善效能的12步教练流程。"重建"的意思源于我们的一个观察：我们发现，所有的机构、组织或企业，无论因为什么缘故发生重组或兼并，都会对它的团队运作带来负面的影响。我们通常都是在这样的情形下被邀请去帮助团队重新整合，恢复团队效能的。"重建"因此得名。

重建教练流程有12步，是一个通用的流程，不仅能够用于恢复团队效能，也能用来帮助任何团体改善或提升其某些方面。事实上，我们很快就发现重建教练流程不仅适合于团队建设，也适用于支持个人成长或发展，比如改变、提升、学习或培养能力等。这让我们意识到，我们找到了一个完整的闭环。

我们最初的愿望是希望找到一个基于焦点解决的方法来帮

助团队进行建设，结果找到了一个既适用于团队乃至大型组织机构建设，又适合个人发展的简单而又可分步执行的流程。

我们也发现，重建教练流程自身就可以完美地传授焦点解决心理学，因为它能让学员在自我改变的过程中领会到焦点解决的方法。它让学员通过自身体验去理解如何在未来导向或者目标导向的教练流程中激发动机，学会邀请朋友、家人和其他重要他人做自己的支持者，帮助自己实现目标。

这本教练手册是专门为教练、咨询师和治疗师而编写的，目的是帮助他们理解重建流程，以及学习并运用这一流程去支持自己的客户达成各种心愿。然而，你会发现理解"重建"的这些步骤对于管理者引导团队的创新工作也非常有帮助。事实上，它对于任何想实现个人生活改变的人也都是非常有帮助的。

第一章
什么是重建？

给"重建"下定义不是一件容易的事，我们只能尝试着做如下的简短概括：

重建是一个通用的、多用途的教练方法或工具，它由12步组成。通过协助客户设定目标，提升动机，并增强合作，帮助个体或组织实现其想要达成的目标，或变得更好。

让我们来逐一解释一下这个定义：

"重建"是一个通用的教练方法或工具。意思是，它只是一个架构，就像是一个没有肌肉的骨架，或者是没有内容的表格。它像一个脚手架，或者像是一个通用的架构，适用于各种情形，帮助人们做出改变、提升或者培养能力。

"重建"是一个多用途的工具。意思是，它适用于各种状况，无论想实现个人目标，还是团队目标，这个工具都能提供帮助。比如，它可以用于解决问题、做教练指导、个人发展、团队建设、变革管理、组织发展等各个方面。

"重建"是一个分步的教练流程，由 12 个环环相扣的步骤构成。第一步就是帮助客户找到愿景——客户想要在未来实现的梦想。然后顺着梦想，找到一个能够帮助客户梦想成真的、将梦想落地的具体目标。随后的 10 步就是为实现目标而赋能的过程。

"重建"不仅适用于团队建设，也适合个人发展。对很多人来说，"重建"这个词可能会让他们联想到团队建设，或者重新回到正轨，或者改善团队绩效。没错，最初的时候我们确实是这么想的。随着时间的推移，我们发现，其中的每一步也适用于为个人成长提供教练指导，因此"重建"有了更宽泛的意义。

"重建"是为了让一切变得更美好。重建是一个方法，能够用于解决问题，也可以用于改善状况，或促进事情的发展。总之，它是一个工具，让你用项目管理的方式帮助个人或团队在任何他们想提升或改善的方面做得更好。

"重建"能够协助你设定目标。它是一个目标导向的教练流程，这个流程的前面几步就是帮助你梳理和确定你想要达成的目标。

"重建"会提升动机，强化合作。这个教练流程最令人心动的秘密就在于它能够激发当事人的动机,营造参与者彼此欣赏的氛围和感受,并使之愿意为实现目标而互相帮助和支持。

重建教练流程已经被证明是一个非常成功的工具。它帮助团队将注意力从问题和分歧转向如何齐心协力达成目标。"重建"本身是一个流程,能够帮助人们将问题转化为目标,并激发他们达成目标的积极性。虽说这个工具可以被用来帮助实现各种目标,但是在实际应用中它更多地被用于改善团队的沟通氛围,提升团队的士气或者团队的合作效率。

第二章
重建的特别之处

如果你浏览重建的工作手册，或者阅读重建的 12 步注解，你的第一个反应也许会是："这有什么特别的吗？"你所看到的文字好像并没有什么奇特之处。毕竟，设定目标，然后一步一步地实现目标是所有咨询或教练体系的核心。初看起来，好像确实如此，但是事实上，它真的有特别且过人之处，不然我们就不会写这本书了。

首先，重建会让人生出**希望**和**乐观**的情绪，即使来访者深陷绝望、意志消沉，通过步步深入的重建过程，他也有可能变得再次充满希望。

其次，重建能够**激发动机**。我们都知道如何设定目标，并做出切实可行的计划。但是如果缺乏动机，这个计划再宏伟，再精细，也是无法实现的。重建的设计独具匠心，用"四两拨千斤"的方式激发你的动机，流程中的每一步都贯穿着对动机简明而清晰的理解。你将在后续的阅读中体会到这一切。

再次，因为这一教练过程能够产生"副产品"——轻松愉悦的情绪，重建会大大地**激发创造力**。它营造出一种没有指责的氛围，在这种氛围下参与者无需为自己辩解，更愿意跟他人分享自己的好主意，会涌现出更多的有创意的好点子。

最后，重建增强了人与人之间的**合作**。重建把改变看成是一个集体活动，一个共创的过程。大多数情况下，一个人的改变需要来自他人的帮助、支持和鼓励。重建认为，一个人是很难悄悄地设定目标和实现目标的。朋友、家人和同事们的帮助在整个过程中扮演着不可或缺的角色。特别是在团队内部实施变革的时候，感召每一个人来参与合作是产生正向改变的前提。重建的流程在设计之初就有意强调人与人之间的联结，唤起集体的归属感。

也许有人会把重建对社交环境的积极影响看作是这一过程带来的"额外红利"，或者"幸运的副产品"。但是，在我们的眼中，真相也许刚好相反。我们认为，在很大程度上，正是重建提升的集体归属感带来了重建的积极效果。

第三章
建立动机的五大要素

在开始阐述重建的 12 步流程之前,让我们先讨论一下关于动机、能量、决心,或者内驱力这些概念。

古语说得好:"有志者,事竟成。"你的动机越强,决心越大,就越有可能取得成功。

是什么给了我们动机,让我们能够下定决心达成目标的呢?毕竟,对我们来说,知道自己要什么并不是太难的事,真正的挑战在于如何激发斗志、下定决心去实现自己的目标。

重建对于动机有其独特的理解。按照重建的看法,有五个因素直接影响着实现目标的动机。它们是:

1. 这个目标必须是你自己设置的。
2. 这个目标对你是有价值的。
3. 你对实现这个目标是有信心的。

4. 你能体验到过程中的进步。
5. 你已经准备好去面对可能的挫败。

换句话说，为了能有足够的动机去实现目标，第一，你要觉得这是你自己的目标，而不是其他人为你设定的，一定要是你自己决定或者至少是你参与决定的、想要实现的目标。

第二，你需要确定这个目标是有价值的，是值得去追逐的，也是能够为你带来一些重要的正向结果的。

第三，你需要对实现这个目标有信心，相信它是可以实现的，因为你拥有实现这一目标所需要的资源、能力，和足够的支持力量。

第四，为了能够在实现目标的过程中保持动机，你需要看到自己取得的进步和某些成功。换句话说，如果你不能看到自己的进步和点滴成功，就有可能感到挫败和气馁，失去热情和积极性。

第五，你要做好面对可能的挫败的准备。如果你没有做好这样的准备，就可能会在遭遇挫败时受到打击，失去实现目标的决心和信心。

让我用一个例子来解释一下这五个要点。假定你想装修房子，为了让自己能够完成这件事，这个目标必须是来自你自己，而不是别人强加于你的，是你自己从内心想去完成它。这点很重要。你需要认同这个装修事项对于你是有意义的，有好处的，它也许能够为你的房子增值，也许可以让你获得更大的空间感，或者可以改善居住条件，让你感到舒适……总之，你看到的好处越多，就越渴望完成这个装修活动。但是这还不够，你还要有信心，感觉自己有能力完成这次装修。你有信心是因为你以前有成功的装修经验，或者你有愿意帮助你的朋友，或者你这些年积攒了很多超棒的装修工具。

如果你感觉到这是你自己的主意，对你有很多的好处，也相信自己能做到，那么你一开始的动机就会很高。但是，开始工作以后，你一定还需要些什么来帮助你保持这份动机或积极性：你需要感受到持续的进展，感觉到装修工作正在一点一点成功地推进。当你用自己的眼睛看到崭新的橱柜门和刚刚刷好的墙漆时，就会有坚持下去、完成这个工作的动力。

最后，也是很重要的一点，就是你有应对挫败的心理准备和积极的应对方案，不轻易退缩。无论是你自己不小心用锤子砸了手，还是你的工人把厕所的瓷砖装错了，你都能继续做下去。

让面团发酵

打个比方吧，激发动机有点儿像做面包时的面团发酵过程。你需要先和面，放入各种成分，揉面，等待面团发起来。

在这个比喻里面，把面包放进烤箱就好比是开始行动。为了烤出好面包，在送入烤箱之前，有一系列的步骤需要先完成；同样，为了让我们的行动能够达成预期的结果，也需要一系列的步骤来激发我们的动机。

你首先需要决定烤一个什么样的面包，混入所需要的材料，开始做面团。这个就好比是，你需要知道你自己到底想要什么、想要达成一个什么目标。而给面团足够的发酵时间就像是在激发达成目标所需要的动机。

激发动机——让面团发酵——是重建教练流程的核心部分。在开始为实现目标采取行动以前，你需要先充分探索那些能够帮助你强化动机的因素。比如，你可以聊一聊实现目标的好处，找到你的支持者，看看你都有什么资源，确认自己到目前为止已经取得的某些进展。

"重建教练流程"是一个帮助你设定目标并取得成功的有效方法。但是，如果仔细琢磨，你会发现它又远不止如此。它其实也是一个有步骤地帮助你强化动机，并且让所有与此目标相关的人建立良好合作关系的流程。

第四章
总览重建的教练流程

在正式为你详细解释 12 步重建教练流程中的每一步之前,让我们先总览一下所有步骤。

1. 描述你的梦想

重建教练流程以终为始,从未来入手。你会被问及你想要的未来,教练会邀请你去想象那个一切如你所愿的理想状态。假定未来的那个时候,你的个人生活、家庭生活和职业生涯的方方面面都如你所愿,那会是什么样的呢?重建流程的所有其他步骤都是在这个美好的未来愿景基础之上展开对话的。

2. 确定你的目标

然后你需要确定一些目标,一些能够帮助你梦想成真的目标。这里所说的目标是指一些具体的、你能够去改变的事,你能够学到的技能,或者你需要完成的某个特别的任务。在你继续这个流程之前,还需要做一个决定,就是要确认你的首要目标。

3. 招募支持者

为了实现目标，你需要来自他人的帮助、支持和鼓励。花时间想一想，有哪些人、可以用什么方式支持到你。找到合适的方法，把你的目标告诉这些人，邀请他们支持你达成目标。

4. 探索目标能带来的好处

一旦确定了你的首要目标和你的支持者，你就要开始探索这一目标的好处了。你要充分挖掘达成目标以后能够给你和其他人（包括你的支持者）带来的所有积极正向的结果。

5. 看到已经取得的进步

不管你选择的首要目标是什么,它都极有可能不是第一次出现在你的脑海里。事实上,几乎可以肯定地说,你已经在这方面付出了一些努力,甚至已经有了一些进展。因此,在进入下一步之前,你需要仔细看看,有哪些迹象表明你已经取得了一些进展。

6. 描绘即将到来的进展

重建将迈向目标的进程看成是一个循序渐进的过程。为了能够把这个过程一步步清晰地呈现出来，需要先假定，你已经按照既定的时间表如愿以偿地顺利实现目标了。基于这个假定，再来回放这一路所经历的生动画面，生成走向目标的具体的每一步。

7. 承认有挑战

可以肯定地说，迈向成功的路上不会一帆风顺。况且，你也不会为自己设定一个毫无挑战的目标。所以，在为自己树立信心之前，你可以对自己说，"是的，这个目标不是那么容易达成的"，让自己意识到所要面临的那些挑战。

8. 找到自信的理由

即使目标不那么容易达成,也不意味着不可能。为了树立信心,你需要列出你所拥有的所有资源,以及任何能够证明你有能力实现这个目标的依据。

9. 做出承诺

要想取得任何进步，都必须采取行动。重建相信，与其做一个详尽周密的大计划，不如简单地做个"下一步计划"，并把这个"下一步计划"告知你的"观众"——每一个愿意支持你、帮助你和鼓励你实现目标的人。这么做的意思是，你不需要一下子给出一个大的承诺，而是可以在达成目标的过程中一小步一小步地往前走。

10. 坚持记录进步

"跟进"是重建流程的核心环节。它是以一种特殊的方式进行的观察。观察的重点要放在进步的部分，你要留意项目进展过程中所有进步的蛛丝马迹，把注意力放在成功的时刻上。

为了保证能够留意到自己的进步，你需要找到一种记录的方法，用它持续记录整个过程中的那些成功。

11. 为可能的挫败做好准备

随着时间的推移，你在一天天的进步中，一步接一步地推进着计划，也许你会发现事情的进展有时候不像预期的那么顺利，或许你会遭遇各种可能的挫败。如果发生了这样的事，重要的是你不会因此而彻底丧失信心。如果能够事先看到那些潜在的挑战，准备一些应对的方法，就不至于让自己失去热情。这也是走向成功的重要一步。

12. 庆祝成功,感谢你的支持者

早晚有一天你会到达那样一个点——你觉得自己终于实现了目标,或者你觉得自己取得了足够令你为之骄傲的成就。站在这个点上,你可以回顾自己的进步,分析成功的原因,意识到支持者或者其他人对你的各种帮助。最后,你会用你的方式去感谢或肯定所有在你取得成功的路上帮助过你的人。

现在，你已经大致熟悉了重建的教练流程，接下来我们将仔细探讨其中的每一步。

第五章
分步详解重建的教练流程

第一步:描述你的梦想

——有梦想,才能实现!

重建的流程从未来入手,以终为始,首先邀请你或者你们的团队去构想在未来的某一天想要的那个画面——你(们)想要的未来是怎样的?比如,从现在开始的一个月以后,一年以后，或者五年以后，你希望一切是怎样的呢？下面用三个例子来说明如何用生动的语言有效地引导人们去获得这样的信息：

个人教练举例：

让我们来想象一下，一年以后的今天，一切都变得很棒，你对自己的生活非常满意。你觉得这是你一生中最好的时光。眼下的这些问题都成为过去，所有的一切都如你所愿。你很享受你的工作、学习，以及你的业余时间。请你用"现在时态"来详细描述一下，这一切看起来是什么样的：你住在哪里？做着什么事？在哪里上班？你的亲密关系怎么样？你每天或者每周的生活是什么样的？你现在的生活跟以前相比有什么不同？

为了让我们的约谈富有成果，你需要聚焦一个想要达成的目标。换句话说，就是要找到一个你想要变得更好的方面，或者你想改变的方面。但是在确定这个目标之前，我想了解一点你对未来的想法。如果你的梦想成真了，你希望那是一种什么样的生活？比如从现在起一年以后，或者两年以后的生活是什么样子的？身边的一切都是怎样的？跟现在比有什么不同，又有哪些相同？

团队教练举例：

让我们来想象一下，假如目前正在讨论的项目最终成了一个你们大获成功的项目。六个月以后，你们开了一个跟进总结大会。你们大家一致认为，情形确实变得好多了。事实上，你们对那时的一切都非常满意。让我们一起畅想一下那个愿景，让那个愿景来引导我们的对话方向，可以吗？

同样的引导方法稍做修改也可以为老师们所借鉴。比如，老师可以在课堂上跟中学生们说：

我在桌子上看到了这封奇怪的来信。我不知道是谁写的，但是确实是写给我们班的。我给你们念一下吧："我的名字叫邓布利多。你们可能已经在《哈利·波特》中知道我了。我关注你们这个班已经很久了。我现在非常确定，你们就是我要找的那个特殊的班集体。我相信你们有能力把你们班变成最棒的班集体。如果你们愿意接受挑战，一起努力，会有一个奖励等着你们！你们愿意接受这个挑战吗？如果愿意，我就可以给你们布置第一个任务了——请你们描述一下你们心目中最棒的班集体是什么样的。当你们班成为最棒的班集体的时候，你们都是怎样表现的？你们是怎样一起上课的？如果我来到你们班级探访你们，我能够清楚地看到哪些跟以前不一样的地方？请你们用自己的语言描述出你们心中最棒的班集体的样子，也可以用画图的方式，甚至是戏剧表演的方式来描述。这就是我给你们的第一个任务。只有当你们完成了这个任务，我听到老师告诉我你们的完成情况之后，我才能给你们布置第二项任务。"

为什么要这么做？

确认奋斗目标是重建流程的核心。没有目标，就无法"重建"。一个清晰的关于未来的愿景，也就是你对未来的期待，是最根本的东西。基于这个愿景，你才能确定目标，才能弄清楚自己想要学习什么或者改善什么，帮助你梦想成真。我们的梦想反映了我们的核心价值观。反之亦然。知道了一个人的核心价值观，也就大致知道了这个人关于未来的梦想。跟梦想相连的目标，自动地联结着你的核心价值观，因此会让你感到值得为之努力并动机十足。

然而，弄清楚我们想要的未来并不仅仅可以帮助我们找到奋斗的目标，它还有其他的作用。

首先，拥有积极正向的愿景是保持心理健康的重要因素。抑郁可以被看成是一种"无望"的状态，是缺乏正向积极的愿景的同义词。当我们在生活中失去重要的支撑，比如失去工作，或者失去挚爱，都会让我们变得伤心难过，甚至郁郁寡欢，究其原因之一就是我们感觉失去了梦想，我们曾经拥有的愿景突然变得不再可能实现了。在抑郁的康复过程中，有一个非常重要的环节就是帮助人们逐渐建立新的正向愿景，用新愿景取代以前那个不再可能的旧愿景。因此我们需要创建一个空间，让那个新的愿景走进我们的视野。

所幸的是，未来不属于任何人。在构思未来愿景的时候，每个人都可以自由地使用自己的想象力和创造力去憧憬。而我们所编织的关于未来的愿景也会影响到我们对今天和昨天的看法。

很多人回避或者害怕去构建积极正向的愿景。"我只是活在当下"，他们这样说，事实上却更像是在保护自己不致遭受梦想破灭的失望。这个自我保护的策略对一些人而言有时确实有所帮助，但是代价也是很大的。毕竟，对明天满怀希望，对未来充满憧憬，并努力让梦想成真是人生的一部分。因为有梦想、有憧憬，我们的生活才有了意义。构建未来愿景，确实会存在让我们遭遇失望的可能，但是也给了我们一个梦想成真的机会啊。

此外，当你邀请人们去谈论他们的希望和梦想时，本身就是一种尊重。你在试图告诉他："我不是在这里告诉你，你该如何去生活，或者你的企业或团队应该如何运作。不过，我对你的想法很好奇，想知道你希望看到事情是朝哪个方向发展的。"你没有强行兜售你的想法，而是允许你的客户去描述他想要的未来。

最后，跟人们谈论他们的愿景，不仅仅是为了带来希望和乐观，也是为了促进人们之间的合作。"未来"是一个中性的话题，不会引起大的争议和冲突，而谈论问题和讨论如何解决问题却难免会使人陷入一些冲突。如果我们想帮助人们避免陷入争执，邀请他们去描述想要的未来也许是一个明智的做法。即使是那些"凡事都无法达成一致"的人们，在谈论"希望事情在未来如何发展"时也会有惊人的一致。

怎么做呢？

引发人们给出关于未来梦想的想象，说起来容易，做起来难。很多人对于希望事情在未来如何呈现并没有清晰的画面感。所以，也许需要花一些时间和努力，去帮助他们慢慢地厘清这些画面，让那些细节变得具体而生动。

假定你跟一个客户谈论他想要的理想未来，而他多数的回答都是"我不知道"，你可能会有强烈的挫败感，甚至有种想要放弃对话的感觉。我们的建议是：再坚持一下，继续追问一些温和的问题，来帮助你的客户展开他的愿景。

甲：你希望你以后的婚姻是什么样的呢？

乙：我不知道。

甲：是啊，确实很难知道。不过你可以想一想啊，比如，你会住在哪里？……你每一天的生活会是什么样的啊？……你们在一起的沟通通常是什么样的？

甲：想到婚姻，你觉得哪些事情会让你特别开心？

*** ***

甲：假定你们的这个项目最终取得了超级大的成功，你们是怎么配合取得成功的呢？

乙：这是一个很难回答的问题。

甲：嗯，肯定很难回答，但是这是很重要的问题，对吗？我建议你们分成几个小组讨论一下这个问题，找一找答案。"假定你们成功地改善了彼此间的合作，你们自己和外面的观察者会看到你们是怎么在一起工作的？"

为了能够描述出理想的未来，人们需要运用想象力。为了让他们能够很好地运用想象力，你需要找到一些方式精心组织你的问话，引导他们打开大脑中的想象力。比如，如果你想问的是："假定一切进展顺利，一年以后你的生活看上去会是什么样的呢？"现在，换一个方法，你也许可以这么问："想象一年已经过去了，现在是（某天），你会在哪里呢？我看到你在笑呢，好像笑得很灿烂，容光焕发的，为什么这么开心呢？你的生活发生了什么事，让你这么开心呢？我想让你用'现在时态'回答一下我的问题，想象你真的很开心，就在那里，说一说你的情形。"

如果你是一个家庭治疗师，直接问你的咨询对象："如果这个治疗很顺利，你对结果很满意，未来的某天情况会有什么不一样？"恐怕你不会得到多少回答。如果你能够把问话组织得比较有想象力，就有更大的可能性会得到丰富一些的回答。比如你可以说："假如有一天我变成了一只苍蝇，飞到了你们家，落到你们家餐桌上方的灯罩上。这是一个星期天的晚上，你们一家人正在吃晚餐。每个人看上去都情绪饱满，你们好像在谈论过去的一周对你们每个人来说有多么棒。我能听到你们在告诉彼此什么呢？你们家上个礼拜发生了什么事，让你们这么开心？"

当你习惯于让人们告诉你他们对理想未来的期待，你会发现，他们常常会用负面而不是正面的描述来回答你。比如，他们会说："我感觉很好，因为我的老板不再对我的工作抱怨不停了。"或者："团队里的一切顺利了，因为我们不再彼此忽略了。"他们会用"现在令人讨厌的一些事不见了"这样的方式来描述想要的未来。如果是这样的话，你需要帮助他们把负面的描述转换为正面的描述："你的老板不再批评你了，他会怎么做呢？"或者："你们不再忽略彼此了，你们是怎么做的呢？你们的互动有什么不一样呢？"这么做的目的是为了帮助人们描述出他们在未来想要的画面，而不是他们不想要的画面。

把未来的理想画面描述得越生动丰富就越好。这就是为什么在重建的语言系统里，我们选择了使用"梦想"一词而不是"愿景"来描述未来的画面。

就像你已经知道的，我们可以使用"未来投射"的方法帮助人们展开生动的未来画面，让他们去想象自己在未来某一天的样子，就像它当下正在发生的一样去描述那个情景。另外还有一个有效的方法是，让人们从外部观察者的角度看一看那个未来的画面。

甲：如果将来有一天，一切都变得非常好，你最好的朋友会注意到你有什么不同？

甲：想象一下，到了明年六月项目结束的时候，我给你的老板打电话询问事情的进展。她对那个结果激动不已。你觉得她会跟我说些什么呢？

"还有吗？"也是一个非常有力的问句。为了让未来的画面更加丰满，时常使用简单的问话"还有吗？"会很有帮助：

甲：如果下个圣诞节到来的时候，你对自己的状况感到非常满意和高兴，一切是什么样子的？

乙：我会还做着这份工作。

甲：好啊，听起来不错。还有吗？

乙：我又开始跟我的朋友查克一起健步走了。

甲：哦，你还做着这份工作，你又跟查克开始一起做健步锻炼了。还有吗？

如果你的工作是帮助你的客户提高团队效能，在大多数情况下，你会发现他们是愿意讲述他们的梦想的，也能意识到谈论梦想与要解决的问题有关。可是，也有一些情形，人们显得很犹豫，不愿意参与关于未来的讨论。个中原因也许是，他们看不到这么做的意义是什么。如果真是这样，你就要跟他们解释一下，为什么你要跟他们谈论未来。

关于如何开始对话，我有一个建议。我知道这么做对你们来说也许有点儿奇怪，但我觉得这是有帮助的。我希望你们能给我描绘一幅画面，告诉我，如果一切进展顺利，当我们的整个教练过程完成后，在最好的情形下你们希望一切变成什么样？这样我们可以有一个方向，或者一个为之努力的清晰的目标。你们觉得呢？

有时候人们不愿意参与关于未来的对话，是因为他们的头脑一直被问题所占据。这时候硬要跟他们谈论"理想未来"似乎显得太遥远，也太不相干。一个需要遵守的原则是："去满足他们内心的需要"，暂缓关于未来的讨论，可以先让他们谈一谈心里想说的。这一点非常重要，我们都需要首先感到自己被倾听了，才有可能愿意开始用未来导向的方法去解决问题。

从你们的描述中，我能清楚地感觉到，作为一个团队，你们显然遇到了重大的问题，让你们很难应对。我的职责是帮助你们找到应对这些问题的解决方案。不过，在对你们的问题做进一步的了解之前，我想请求你们给我描述一个你们希望去到的方向，一个你们想要事情如何发展的愿景。我可以请你们分成三人一组谈谈这个愿景吗？你们都知道什么是无效的，都知道对什么不满意，我希望你们能够用这个信息去构建一个新的画面——告诉我，你想要的是什么？我知道这个不容易，但是我敢保证，你们想要的画面越清楚，就越能帮助你们实现这个愿望。

　　在面对不止一个人做咨询或教练的时候，有时你会发现参与者对未来有着不一样，甚至是相反的期待。在这种情况下，你就需要花一些时间去帮助所有参与者找到一种大家都能认可的关于未来的描述。如果达不成这样的共识，就接受大家对未来的多种描述好了。有一次，我们跟一对夫妻做约谈，妻子期待的未来画面是两个人继续在一起生活，而丈夫想要的是分开。由于这是两个截然相反的想法，我们就建议他们夫妻二人一起来仔细看看这两个不同的愿景。我们首先帮助他们看到快乐地在一起的那个愿景，然后又帮助他们看到分开生活的未来：虽然分开，但是每个人（包括孩子们）都很满意地过着自己的生活。这两个关于未来的、不一样的愿景成为我们后续约谈的基础。

操作指南

　　请为这部分约谈预留出至少半小时的时间。你需要准备一支笔、几张纸和一个信封，以便执行后续的任务。

　　想象着你自己在未来的某一天，你可以随意挑选一个你喜欢的日子，比如两年后的今天，或者更长时间以后的某一天，你突然收到了一封来信，是你特别要好的一个老朋友寄给你的。你们已经很久没有联系了，因为他搬到另一个遥远的地方去生活了。你想要给他/她回信，跟他/她说说你眼下的生活。你的回信可以用"亲爱的玛丽"或"亲爱的乔治"开头，反正你觉得怎么称呼合适就怎么称呼，要记得给这封信选择一个未来的日子。你在信里告诉你的老朋友，你正处在一生中最幸福的时候，一切都那么顺利。要允许你用自己的奇思妙想，对那个时刻的生活做一个详尽而令人向往的描述。如果你愿意，这封回信可以写得很长，不止一页。写完之后，记得把它放进信封里，封存在一个安全的地方。有一天，没准儿就是那封信所描述的那天，你

操作指南

去打开这封信,读一读你今天所写的内容,也许会惊讶地发现,你的有些梦想已经实现了!

一旦构建了这样一幅关于美好未来的生动画面,你就可以往前再迈一步。用这些信息作为跳板,帮助你找到一个特殊的目标,一个能够增加你梦想成真的可能性的目标。

第二步：确定要达成的目标

——只有知道要去到哪里，才能开始你的旅程！

为了让我们的梦想成真，显然需要做点儿什么才行。也许我们要做出一些改变，去学点儿什么，影响什么人，或者说简单地继续去做正在做的那些事。在这里，我们把为了实现梦想而需要完成的那些特殊的事情称之为"目标"。

目标比梦想的范畴更窄一些或者更有局限性一些。如果你的梦想是变成著名的吉他演奏员，那么你起初的目标可以是：1. 买一把吉他；2. 找到一份工作，挣钱后去上所需要的音乐课。如果你的梦想是创建一个高效能的研究团队，你的目标也许是：1. 改善团队的沟通和信息分享；2. 创设例会制度；3. 找到一个方式，让团队成员能够对他人的点子和计划给出建设性的反馈。

在"重建"的话语体系里,梦想是指人们想象出来的、关于未来的更丰富的画面,而目标则是指更具体、更具操作性的一些事,也就是你能做点儿什么去达成的那些事。

让人们先去想象理想未来的画面,再去确定要达成的目标,这种做法是有道理的。这种未来导向的谈话方式能够通过谈论梦想而自然而然地引出目标,换句话说,会很自然地引到需要做些什么才能让梦想成真的话题上。此外,更重要的是,关于梦想和希望的讨论能够确保无论找到的是什么目标都会让人有动机有激情。毕竟,任何能够帮助我们梦想成真的事都会让我们兴趣盎然。

选择目标

在用重建做教练辅导时,我们会让人们首先确定能够帮助他们梦想成真的那些目标。然后请他们从中选出一个首要目标,也就是首先去为之努力的目标。打个比方,如果你想在家里的后院打一口井,聪明的做法是先决定在哪里开挖,然后一直挖下去直到找到水,而不是挖一会儿换个地方再挖,那样的结果就是在你们家的后院留下一堆的坑,结果还是没有水喝。

创建了目标清单,要一下子在里面挑出首选目标并不总是一件容易的事。如果你需要帮助人们做决定,也许可以遵循这样一条规则：选择一个对其他所有目标最有积极影响的目标。假定你是一名学生，你的梦想是成为一个在政治科学领域对世界和平有重大影响力的学者。为了实现这个梦想，你整理出了一个能够帮助你实现梦想的目标清单，包括：1.就读一所知名的大学，拿到高水准的政治科学的硕士学位；2.在这个领域广结有识之士，以便更好地了解政治科学这个领域；3.提升自己的英语表达能力。所有这些目标都是非常重要并与梦想有关的。如果你要在当中选择一个作为你的首要目标，你会考虑选择哪一个呢？我们的原则是，选择那个对其他目标最具影响力的。如此一来，你也许就会选第一个目标——考入一所知名的大学，因为只要进入了这样的大学，你的英语能力肯定就会提升，也会有相当的机会结识在这个领域的有识之士了。

总体来说，从目标清单里选择第一个要努力实现的目标不算是一件太难的事。只要看看自己列出的清单，人们通常都会立刻找出他们的首要目标。但是如果我们纠缠在问题里，情形就会大不一样。比如，我们面对一系列要解决的问题时，最自然的选择就是要找出当中的"根本性问题"。我们会试图确认那个引发所有问题的根源性问题。这样做是相当困难的，因为即使我们认为自己对于解决这个问题有很清晰的想法，其他人也未必同意，关于"到底哪个才是根本性的问题"每个人的看法都有可能不一样。

假定你是一个老师，要管理一个让你非常头疼的班级。你的班级问题清单上有这样一些问题：1.女生相互欺凌；2.男生课上捣蛋；3.家长对孩子在学校的功课没兴趣；4.有些家庭生活贫困，无法承担孩子们上学的课本费。这个问题清单看上去是如此令人沮丧，仅仅看着这些问题就已经让人心灰意冷了。我们该如何着手解决这些问题呢？你也许会试图找出这些问题之间的关联，看看到底哪一个才是引发其他问题的根源性问题，但是这么做谈何容易！现在，让我们换个做法，再做一个清单。但是我们不再做问题清单，而是做一个目标清单。看一看整理目标清单的做法是不是更容易让你从中找出首先需要努力实现的目标，着手启动工作？我们的目标清单看上去应该是这样的：

1.女生需要形成关爱彼此的团体，让大家有归属感。2.男生需要学习安静地上课。3.需要找到一个方式，让家长更关心孩子的功课。4.建立一个课本循环使用系统，保证家庭困难的孩子有书可用。现在，你所看到的是四个不同的目标，这几个目标都非常重要，看起来互不相干，好像一下子很难想到哪个是我们的首选目标。但是，你可以简单地思考一下，看看从哪里入手，看看哪一个目标的实现对其他目标有更多正向的影响，这也许是一个有用的建议。

如果你给一个团队或者一组人做教练，他们很有可能会提出好几个重要的目标。大多数时候，当把几个不同的目标整理到一张挂图上后，人们是能够经过讨论从中确定一个特殊的目标而去开始努力的，因为他们都相信实现这个目标对他们有好处，对他们很重要。然而，有时候团队中间也会出现不一样的声音。一些人觉得这个目标比另外的目标更重要，而另外一些人认为另外一个目标更加紧急，需要立刻着手处理。如果一时无法达成共识，一个有效的做法是把团队分成两个，甚至更多的小组分头讨论这些不同的目标。比如：小组 A 讨论改善与管理团队的沟通的目标；小组 B 讨论一下如何保证加班费的落实。或者还有另外一个处理这种状况的方法，就是把两个目标都作为重要目标，只是确定一下，先做哪一个，然后再做另外一个。

把负面描述变为正向描述

　　——开启新事易，停止旧事难。

　　定义目标的时候，人们常常习惯用负面的描述，比如"停止咬指甲""上课不影响他人""不惹麻烦"。然而，负面的目标不会带你走向"重建"。人们很少对这样的目标感觉兴奋，实现目标的进程难以监管和评估。更重要的是，若目标仅仅是去克服坏习惯是很难让人们感到自豪和喜悦的。

　　所幸的是，这样的负面目标大多数的时候都可以被转化为正向的目标。比如，如果负面目标是停止咬指甲，相应的正向目标就是"学习爱护自己的指甲";如果负面目标是"不干扰课堂秩序",相应的正向目标就是"学习轻声在教室里讲话"或者"得到许可再讲话"。正向的目标让人更有动力,更容易达成,也更适合以一个合作项目的形式去完成。

给目标起个名字,并找一个标识

——改变名字,就改变了游戏。

为了增加目标的重要性,让制定目标的人或者团队感觉自己真正拥有这个目标,我们会请当事人给他们的目标起个名字。更准确地说,是给这个要完成的项目起个名字。

假定我是家族企业的管理者,我的梦想是让我们的公司更成功。在跟我的重建教练约谈后,我确定了几个目标。其中一个目标就是学习更好地给出反馈,特别是学习给员工们正向反馈。

甲:你想给这个目标起个什么名字吗?

乙:我没想过。还非得有名字吗?

甲:不,不是一定要有名字。我只是想,如果有一个简洁的、容易称呼的名字沟通起来会比较方便。也许你能想一个适合的名字?一个能反映出你要学习的这个技能的本质的名字?

乙：好吧，我明白了。我把它叫"格劳乔"可以吗？格劳乔·马克斯也许不是历史影片中最正面的角色，但是他有这样的品质。

甲：听起来不错。我觉得我们来谈论"如何变成格劳乔"比"如何学习更好地给员工反馈"会更容易，也更好玩，是不是？

给团队目标起个简洁的名字也有好处。比如说，我们学校有个班级想改善整体的精神风貌和纪律。我们可以给这个项目起个名字叫"改善班风"。但是这样的名字听起来不是特别带劲儿，也不好玩。学生们也许更愿意重新起一个更刺激和好玩一点儿的名字，比如叫"天使"，或者"酷猴"什么的。

还可以再往前走一步，除了给项目命名，你还可以给这个项目找一个视觉标识，或视觉符号。有时候项目的名字直接就能够带来视觉化（想一想"格劳乔"或者"酷猴"）。还有一些时候，你需要运用你的创造力为你的项目另外生成一个视觉符号或标识。

模糊的目标

在教练技术里，设定目标一般都要遵循一个通用原则，也就是SMART原则。SMART是几个英文单词的缩写：具体化的（Specific），可度量的（Measurable），可达成的（Achievable），切合实际的（Realistic）和有时间限制的（Time bound）。

"重建"流程在确定目标这一步中却并不强调 SMART 原则。目标必须是"可达成的（Achievable）"和"切合实际的（Realistic）"吗？是的，这是必需的，但却未必要很"具体（Specific）"。做重建教练时，即使所定目标在这一步看上去还不那么清晰，也能随着教练过程的推进而变得越来越清晰，越来越具体。特别是在"描述所想象的未来发展进程"时，来访者必须一步一步描述出具体的过程；而在承诺如何完成每一步时，来访者还要给出具体的行动方案。重建教练流程的余下步骤足以保证目标的切实可行和圆满达成。

操作指南

有没有什么你能做的具体的事情，能够让你梦想成真呢？你有什么想学习的或者想变得更好的方面吗？生活中有什么想要改变的地方吗？有什么需要完成但却一直拖拉着没办的事儿吗？只有你自己知道这一切。也许你的脑子里会一下子冒出很多的事。如果是这样的话，请把它们写到一张纸上，然后从中选取一项，只选一项先去努力实现。当然，你也可以同时去完成其他目标；但是你只能先选其中一个作为重建流程的目标，去为之努力。

如果你看着这个目标清单，一时拿不定主意要从哪一个开始，不妨给自己一点儿时间，看看哪一个是最可能令你获益的，或者是对其他几个目标最有积极影响的。需要记住的是，选定一个首选目标，并不等于要排除其他目标。你也可以同时努力去实现几个目标，或者把另外一个定为下一次努力的目标。

现在，给你的目标起个名字吧，一个简洁的能够反映出你愿望的名字。要有创意，名字可以很严肃，也可以很有趣，只要能够反映你想实现的愿望

操作指南

的本质。如果你愿意,可以为你的目标找一个视觉表达,一个标识,或者一个符号,或者一个可以放到你的书桌上或冰箱门上的、能够每天提醒这个目标的实物。

第三步：招募支持者

重建基于合作的哲学，相信其他人的帮助在实现目标的过程中起着至关重要的作用。达成目标可以被看成一个合作的过程，有很多人在其中扮演着重要角色，他们以各种方式帮助你走向成功，例如：

- 肯定你所选择的目标的重要性
- 为你提供有用的点子和建议
- 鼓励你
- 在你遇到困难时支持你
- 帮助你看到进步
- 为你的成功感到高兴

当然也有另外一种情形，有些人因为某些原因有时也会对你的项目产生负面影响。为了能够从身边得到最大的支持,在重建流程中,我们鼓励人们跟他人谈论他们的项目,并邀请关键人物做项目的"支持者"。

在提供个人教练的过程中,关于支持者的讨论可以是这样的:

甲:……现在你有一个目标了,也已经为你的目标取了一个合适的名字了。你想把这个目标告诉谁呢?

乙:我需要告诉别人这件事吗?

甲:你自己决定啊。不过,这也许是个好主意。因为你可能需要一些帮助,或者从其他人那得到一些支持,你觉得呢?

乙:嗯,我丈夫其实已经知道了我的目标。我有时会和他谈论这些事。

甲:哦,如果你给他看看你今天的笔记,你的目标,目标的名字,还有你给目标画的标识,你觉得怎么样?他会说什么呢?

乙:他会很高兴,他可能会认为这是一个好主意。

甲:哦?那他怎么做可以帮到你呢?

乙:我可以让他在注意到我的一些进步时告诉我一声。

甲:嗯,听起来不错。其他人呢?在你的工作单位,哪些人可以成为你的支持者呢?

有了支持者,知道他们会用某种方式支持你,将帮助你建立信心，强化你心里"一定能实现目标"的感觉。

招募支持者不仅对个人发展有帮助，对团队建设也很重要。一个大学的科研小组希望能够改善他们的工作方式，能够更灵活、更有创意地完成工作，那么他们就不仅需要来自其上级领导的支持，也需要来自校级管理部门，甚至是教育部的支持。

互惠

你和支持者之间的关系不是单向的，而是双向的。你将受益于你的支持者，但在大多数情况下，你的支持者也会从你的目标中受益。比如，如果我女儿的目标是找到暑期工作，我会很乐意支持她。这不仅因为我是她的父亲，帮助她是我的义务，也因为我会受益于她找到暑假工作。我高兴，不仅因为她不再需要向我要零花钱了，更因为看到她越来越独立了。在我和我的女儿的例子里，我们是相互受益的。在大多数情况下，目标设定者和支持者是相互受益的。

这让我想起了一个著名的故事，描述的是天堂和地狱之间的区别。你可能听说过这个故事：一个死了的人被允许先去天堂和地狱看看情况再决定自己去哪里。这两个地方看起来有着同样美丽的风景，鸟儿在歌唱，桌子上摆放着丰富的美食及饮品。唯一不同的是两个地方的人。天堂里的人看上去胖乎乎的，很健康；而地狱里的人却骨瘦如柴，看上去像是集中营里的囚犯。当他到达地狱的时候，了解到人们之所以挨饿是因为他们的胳膊肘部僵硬，不能把食物送到嘴里。令他吃惊的是，当他进到天堂的时候，发现那里的居民也有僵硬的手肘。不同的是天堂里的人们会相互喂饭，而地狱里的人们却只想喂自己。

声誉

在重建的教练理念里，支持者的意义远远不只是支持、帮助和鼓励。支持者本身也是见证者，在许多情况下，一个人的改变需要观众或见证者。一个酒鬼可以戒酒，但停止喝酒只是改变的一部分，另一个重要部分则是要让他身边的人们确信他确实发生了这个改变。

设想你在辅导一个吸毒多年的人。你问他有什么愿望，发现他梦想自己有着相对正常的生活，包括一个在郊区的舒适小家，一份稳定的工作和一些不吸毒的朋友。当你问及他的目标时，他说，他的主要目标是不再沾染毒品。当你问起他能想到的其他目标时，他说想做一个不沾染毒品的诚实人。在吸毒的那些年里，他已经让很多人，包括他的家人、雇主和一些从前的好朋友失望了。他意识到，除了戒毒，他还有另一个对他而言同样重要的目标，就是改变名声。他想让人们相信，他已经重新做人。他要再次成为一个值得信赖的人。

对他来说，招募支持者不仅是在寻找能够帮助他、鼓励他和支持他的人，同时也是在邀请人们见证他的进步，让人们相信他的改变，并在他的社交圈里帮助宣传他的变化——换句话说，帮助他改善声誉。

这个道理对个人适用，对企业团队也同样适用。例如，一家电子公司的销售部门可能由于内部矛盾，在完成绩效方面遇到了严重的问题。很有可能公司各部门都听说了他们的困难，他们的名声也受到了影响。如果你想用重建教练流程来帮助这个部门回到正轨，就需要招募公司的一些关键人员做他们的支持者，确保重建项目的成功。这些人不仅帮助他们完成需要完成的任务，在改变这个部门的声誉上也扮演了重要的角色。

操作指南

看看你想把你的目标告诉谁。不妨列出一张支持者名单,你的家人、朋友、同事、同学,以及所有可能对你的目标感兴趣的人,或能够在某种程度上帮到你的人,都可以写到名单上。

想想你要怎么跟这些人介绍你的目标:关于你的目标你会怎么说呢?你希望他们以什么样的特殊方式支持你呢?你认为他们会如何反应?如果他们对你目标的反应是积极的和鼓舞人心的,会让你有什么感觉呢?

一旦准备好把你的项目告诉别人,就可以走到下一步了:跟他们谈论你的项目。你会惊讶地发现,在绝大多数情况下人们都很愿意支持你。他们可能会想出对你很有用的主意,也许会为你提供长期的支持。要记得把你的进展告诉你的支持者,而且别忘了感谢他们对你的项目感兴趣,以及给予你的支持。

第四步：探索目标的好处

"动机五大要素"告诉我们，产生动机的关键因素之一是确信这个目标是有趣的和令人动心的。事实上，这意味着你能够看到达成目标带给你以及你身边其他人的诸多重要好处。

很显然，你所选择的目标应该是对你自己有好处的，否则它不会进入你的目标清单。然而，你可能还没有充分意识到这个目标会带来的各种好处。好好想想这个问题，可能的话，也跟其他人谈一谈这个问题，有可能会帮助你意识到这个目标的其他种种好处。

如果设立目标的建议来自其他人，比如家人、老师、法官或者医生，当事人有时候会比较抗拒。"你应该考取驾驶执照"，"你应该结婚"，"你应该有一个孩子"，"你应该停止吸烟"，"你应该少喝酒"，"你应该结束这段关系"，等等，如果这类建议是别人给出的，当事人往往不会全力以赴，不会发自内心地产生兴趣并努力实现这个目标，哪怕他心里也部分地赞同这个目标。要想让当事人对别人建议的目标真正感兴趣，就需要探索目标的意义，看到实现目标可能带来的好处。

让我们用一个案例来说明这种情况。我的同事塔帕尼曾经帮助过一个心脏病发作后在医院的救治下痊愈了的男人。这个男人的妻子和他的心脏科医生非常关心他的健康状况。他们希望这个男人能够改变他的不健康的饮食习惯。但是他拒绝接受他们的任何建议。医生直截了当地对他说，如果他不认真对待这些建议，他就活不了多久。但是这些话对他都无济于事。

"我绝不要成为一个只吃豆芽菜的人。"每当跟他谈论改变饮食习惯的问题时，他都干脆地一口回绝。

塔帕尼事先了解到这些情况。当他见到这个病人和他的医生时，在谈话一开始他就问那个男人，有没有什么他真正喜欢做的、让他感觉有激情的事。

"嗯，我有一件非常喜欢做的事情，"那个男人说，"我喜欢冰上钓鱼。我一直和我现在 21 岁的儿子一起去参加冰上钓鱼比赛，我俩是最佳搭档，一起合作在冰上钓到过比任何人都多的鱼，赢得了很多的比赛。不过，现在不行了，我儿子爱上了一个女孩，为她神魂颠倒，他根本没时间理我，再也不肯跟我一起参加冰上钓鱼比赛了。我不喜欢自己一个人去参加比赛。"

塔帕尼描述了下面的一幅画面来回应这个男人：

"哇，我现在脑子里有了一幅画面。一个阳光明媚的冬日，我在湖面上散步。远远地，看到了两个身影，一个大一点儿，一个小一点儿，他们肩并肩地坐在便携式的钓鱼凳上。我走到近前，看到冰面上有很多他们刚刚钓到的鱼。我认出那个钓鱼的大人是你，于是我问，坐在你旁边的这个小孩是谁呀？你骄傲地说，他是你的孙子。出于好奇，我伸手打开旁边钓鱼袋的盖子，看到里面有两个盒子，一个装着鱼虫，另一个装着豆芽。我很好奇你会怎么解释这些呢？"

他笑着说："我明白了。我理解你的幽默。你成功地说服了我吃豆芽……不管怎么样，我需要活着看到这一天。"

用不同的方式可以激励人们去改变，你可以指出延续旧方式做事的危险和后果，也可以指出换一种方式做事所能带来的好处。而后者，也就是谈论好处的做法通常会更加有效。总的来说，人们更愿意为了获得好处做出积极的改变，而不是为了避免坏处去做改变。例如，如果你想激励你的孩子完成高中学业，谈论完成学业的好处也许比谈论完不成学业的负面后果更能成功地打动他。

下面列出了很多好问题，作为教练，你可以用这些问题帮助来访者意识到他们所选目标的好处。

- 为什么这个目标对你很重要？
- 实现这个目标对你有什么积极的影响？

- 还有其他什么积极的影响吗？
- 你提到×是一个积极的影响。它对你好在哪里呢？

在探讨积极影响的对话时，你可以充分扩展思路，考虑到方方面面，包括对身边环境的积极影响。

- 实现目标对其他人有什么积极的影响吗？
- 谁会受益最多？他是怎么受益的？还有谁会受益？
- 你觉得实现这个目标对你的家庭有好处吗？对你的健康呢？会不会更有机会实现你的梦想呢？

和人们讨论实现目标给他们带来的各种益处会促使他们启动项目，感觉到充满能量。哪怕目标是来自他人的建议，最初人们并没有多少积极性，但当意识到实现目标能够带来的诸多好处之后，他们就很有可能会确信所选择的目标实际上是相当重要的。

在某些情况下，团队内部关于目标的选择可能一时无法达成一致，不同的目标甚至会产生冲突。这时候，引发大家进行头脑风暴，畅所欲言，探讨每个目标的好处会让大家产生共识。通过充分挖掘这些目标的好处，大家会看到哪个目标更加重要，这也许能够帮助他们最终选定工作目标。

好处找得越多，目标就越有吸引力，采取行动的动机就越强。

操作指南

已经确定了一个具体的目标之后，需要花时间找出实现目标后能够给你和其他人带来的好处。你要尽可能多地列出实现目标可能给你带来的积极结果。想想它将如何有益于你，你的幸福，你的事业，你的人际关系。也想一想它将如何有益于其他人，你的家人，你的朋友，你的同事，或其他任何你能想到的人。尽可能多地找到实现目标的好处，直到写满一张纸。现在，你找到了实现目标之后的许多积极正向的好处，看一看它是如何影响你的。你现在对这个目标的感觉如何？是否更加确信自己做出了正确的选择？

如果你发现很难找到实现目标能够带来的显著好处，也许就要重新考虑所选择的目标了。这是你真正想要实现的目标吗？如果不是，再仔细看看你的目标清单，或者想一想那些你没有记下来的目标，选择一个新的目标，一个此刻对你更重要的或者更有意义的目标。

第五步：看到已经取得的进步

跟人们谈论他们已经取得的进步是一件极其可以为之赋能的事，能够帮助他们看到所设定的目标并不是虚无缥缈的，他们实际上已经做了一些事情了。人们能够看到的进步越多，就越能感到自己已经在路上了。意识到自己已经很好地完成了一部分的工作，会给你带来更多的希望。

幸运的是，无论是在提供个人教练还是团队教练的过程中，只要稍加提示，几乎无一例外我们都会发现很多的迹象，表明我们已经取得了一些进展。我们越是深入谈论这个话题，这类信息就会越多地呈现出来。

把看到的进步当作出发点

重建的流程是从描述梦想开始的，但这不是一成不变的。

另一种顺序可以从已经取得的进展开始，让这个话题演变成一个关于希望和梦想的谈话。

一个团队教练可以这样发问：

甲：我很好奇，想知道最近有哪些积极的进展？

乙：没有太多进展，但是我们已经在议事日程上两次提到这件事了。

甲：听起来是一个很重要的进展呢。所以，这个话题你们已经讨论过了，你们的讨论有什么效果吗？

乙：我们都开始关注这些问题了，我们也通知了IT部门。他们正在修改一些软件，以确保流程的变化能够被考虑进去。

甲：听起来很有意思。你们还做了什么其他的改善呢？

你可以想象，一个锲而不舍的教练努力地在细节方面发问，想方设法去提取那些表明"问题正在被改善"的零碎信息。这样的讨论给人一种持续推进的感觉，就像冲浪的过程，一浪接着一浪。这种对话充满活力，会自然地过渡到这样的问题："如果照这个样子持续而积极地发展下去，你觉得未来会是什么样呢？"

想象一下，假如你被邀请到一个公司做团队教练。跟团队展开对话伊始，团队的领导就向你讲述了近期员工调查问卷中出现的一些问题。你认真地倾听这些问题，在感觉可以开口说话的时候，你立刻表现出对最近一些正向变化的兴趣，问道："你们已经采取了哪些措施来改善现状吗？"令人惊讶的是，你发现这个团队实际上已经做了很多的事情来改善他们的状况。邀请你为他们做团队教练只是诸多改善行动中的一件。你从心里欣赏他们所做的一切，在感觉时机合适的时候，你说："我非常敬佩你们所做的一切。在我看来，事情正朝着正确的方向快速发展。我想问问，如果事情会持续地朝着积极正向的方向发展，几个月以后你们觉得会是一个什么样的画面呢？"假设你的问题起了作用，这时候就会出现一幅关于理想未来的画面，而这个画面将成为你们后续的对话平台。

操作指南

为你自己设定一个目标。它可能不是一个以前完全没有想过的新的目标,很可能是你以前做过的事,或者是刚刚开始的项目,或许是很久以前就开始做的。然后尝试回答下列问题:

- 你第一次想到这个目标是什么时候?
- 那时候是什么让你动心的?是什么让你觉得这个目标很重要的?
- 你已经采取了哪些行动?
- 关于这个话题,你读过什么资料吗?
- 你跟谁谈论过这件事吗?
- 和别人谈论你的目标对你有帮助吗?这会怎么帮到你呢?
- 你看到有什么进展的迹象了吗?
- 认识你的人里面有人觉得你有进步了吗?他/她/他们注意到了你的什么改变?
- 在追逐目标方面,有人帮助或支持过你吗?
- 是否有过片刻的成功时刻让你感觉到,你越来

> **操作指南**
>
> 越接近你的目标了呢?
>
> - 从 1 到 10,数字 1 代表一点进展都没有,数字 10 代表你已经达到了你的目标。你觉得你现在达到了数字几呢?
> - 当你意识到你已经有很大的进步了,你会有什么感觉呢?
>
> 一般来说,很少有人需要从一无所有开始。在大多数情况下,人们已经为他的目标做了很多的努力了。找出那些已有的进展和已经做过的事情,即使没有完成多少具体的工作,你也会发现你已经做了大量的思考了。总之,"已经取得了一些进步"这一事实有助于建立信心,毕竟接着已经开始的事情去做比从头开始会更容易一些。

第六步：描绘即将到来的进展

探讨过已经取得的进展后，谈话可以自然地朝着未来的发展继续下去："接下去的进展会是什么样子？""有什么迹象表明事情正在朝着目标方向推进呢？"

"描绘即将到来的进展"与"做计划"不是一回事。前者是想象力练习，在这个练习里，把达成目标看作一件必然的事，然后回望整个发展进程，再用视觉化呈现你所经历的每一步。后者则是一个需要为之努力的工作，你要创建一个行动计划，并决定需要采取的措施以实现目标。

两者之间的差异是"描绘"和"计划"的不同，其差异可以通过不同的问句而显现。当你想要一个计划的时候，你可以问：

- 为了实现目标，你需要做些什么呢？
- 第一步要做什么呢？
- 第二和第三步呢？

另外一种问句在于引出人们所期待的愿景：如果一切进展顺利，在最理想的情形下，整个进展看上去会是什么样的呢？注意下面这些问句跟前面关于计划的问句有什么不同：

- 如果情况继续好转，下星期你发现事情又有了一点儿进展，你会观察到哪些变化呢？
- 假定在接下来的几周里你会不断进步，想象一下那个画面，再下个星期你会到达哪种状况呢？
- 下周会有些什么样的迹象表明你正在进步呢？
- 两周以后呢？你会有哪些进展呢？
- 其他人是怎么注意到你的进步的呢？
- 发生了哪些事让那些对你持有怀疑态度的人确信你已经有所改变了呢？是什么让这些人确信你已经实现了目标的？

你肯定可以感觉到这两种问话的区别了。前一种是在让人们设计一个计划，后一种则在邀请他们想象迈向目标的每一步的画面。

有一些好问题可以用来帮助人们把实现目标的进展步骤描述得更加具体。如果你只是问事情在一星期后会和现在有什么不同，得到的回答经常会比较抽象，诸如"沟通会更好"或"人们会更尊重彼此"。为了帮助他们描述得更加具体，你可以要求：1. 举例说明；2. 视频描述①；3. 从第三方的角度描述；4. 能够说服怀疑者的描述。

- 你说你注意到沟通变得更好了，能给我举几个例子吗？
- 如果有人带着摄像机跟随你记录"你的一天"，观众能够在视频里面看到哪些表明你们的沟通确实变得更好了的事情呢？
- 如果你的老板到你的部门去，他会注意到哪些不一样，会感到你们的沟通变好了呢？
- 如果你的部门中有人对你们的沟通改善持超级怀疑的态度，发生什么事才能让他相信事情确实已经变得更好了呢？

除了使用上面提供的这类问题，你也可以提出一些你自己的建议来抛砖引玉。对人们来说，相比让他们勉强给出答案，让他们纠正你的错误猜测会相对更容易一些。比如：

当你"变得更直接"的时候 —— 你说你喜欢直接一些，是不是意味着你会直接告诉别人"不要怎么做"？还是说，只要你能直接跟对方对话，就肯定不会烦劳第三者的介入？

---

① 在视频中讲述正在发生的事。

行动方案会自然呈现

通往目标的每个阶段的画面描述得越清晰，你就越清楚要如何到达那里。因为你的心灵之眼已经看到了未来那些出现积极改变的画面，实现目标所要采取的行动和措施就会自然地呈现出来。

甲：让我们想象一下，在下一次的董事会上，你的同事们注意到有些变化发生了，你们已经取得了一些进展，那是些什么呢？

乙：我也说不好，也许他们会发现我组织会议时更负责了？

甲：哦，怎么做是更负责呢？他们会看到什么不一样呢？

乙：我会在会议开始的时候，手拿笔站在白板旁，邀请大家一起讨论今天会议的目标。

甲：那再下一次呢？两周以后的会议呢？假设你继续取得进展，他们会注意到什么呢？会有什么不同？

正如你所看到的，当回答这类"改变之后会是什么样"的问题时，人们会同时说出，需要做什么来实现他们的目标。

操作指南

描述一下你所想象的一切如你所愿、进展顺利的样子。你可以画一幅画，在上面标出4步，或者最多不超过10步，用你的想象力在每一小步上标出你具体的进步是什么。给每一步设定一个时间段，比如，第一步是从现在开始的一个星期以后，第二步是从现在开始的两周后，等等。至于你想画多少步、每步用多长时间则取决于你所设立的目标。

然后，你可以使用想象出的这些步骤来发展出通向成功之路上的每一步的清晰做法，当然你要假定这个项目真的会顺利完成。尝试回答下面的这些问题：

- 有没有什么很小的迹象，比如说，明天，或几天后，或者一周后，表明你已经开始朝着正确的方向改变了呢？
- 有没有什么更明显的迹象，也许是一周以后，表明你在继续取得进步？
- 一个月以后你会在哪一个阶段呢？一年以后呢？
- 其他人会如何注意到你已经进入了下一步？

操作指南

• 怎么能让你最挑剔的朋友确信,你已经实现了你的目标呢?

对想要实现的改变做一个循序渐进的描述,能够帮助你建立信心,并帮助你意识到实现目标所需要做的那些具体的事。

第七步：承认有挑战

——是的，有困难。但不是不可能！

重建是一套积极且能为人赋能的方法，能够把人们感召到改变的过程中。因此，你也许会对这一步感到奇怪，为什么我们会邀请人们思考实现这个目标的不容易之处？

甲：减肥是个好目标。但据我所知这不太容易。你也这么觉得吗？我见过很多人在减肥这件事上挣扎。

乙：没错，它的确非常困难。我必须承认，我已经尝试过很多次都没有真正地成功。

甲：你有没有想过为什么这事这么难？

乙：我非常明白为什么减肥这么难。我需要有更强的自控能力，更有条理，但我不是这样的。就这么简单。

甲：我能理解。还有什么其他的困难吗？

乙：是的。比如我不喜欢去健身房。我喜欢吃巧克力。

甲：嗯，有道理。难怪这个目标对你来说非常难。但这是你选择的目标，显然你相信你是可以实现目标的，尽管你觉得这个目标很难。是什么让你感觉也许你是能实现这个目标的呢？

承认实现目标不容易是表示尊重，有点像在说："我知道这对你将是一个很大的挑战。"承认"某件事不容易做到"其实有一点儿免责的意味，也是一种理解，像是在说："这不是你的错。如果真有那么容易的话，你早就做到了。我们都知道这个不容易，任何人在你这个位置上都会觉得这是一个不小的挑战。"

此外，人们应该记住，对于大多数人来说，完成富有挑战性的目标比完成轻松的目标更令人有成就感。承认一个目标具有挑战性会激发他完成目标的额外动力。

讨论实现目标的不容易在团队教练的过程中尤其重要。群体中存在着各种各样的见解是非常普遍的。有一些人会比较乐观，会赞成所设立的目标，但我们也经常会遇到一些更保守，甚至对整件事持怀疑态度的人。作为一个规则，你一定要给怀疑者一些空间，而不是压制他们。给人发声的机会，让他们表达疑虑，尊重并重视他们的意见，得到的回报是他们的协助和合作。相反，如果挑战或忽略人们的质疑和批判，你就会在项目的推进中遇到很多的阻力。

　　承认某事是困难的，或者是"不容易的"，并不意味着它是不可能的。相反，如果说一件事很困难，真实意思是："这是可能完成的"。在这一步讨论"实现目标的不容易"是为了让对话自然地过渡到下一个要讨论的问题上："为什么它仍然是可能的？"

操作指南

你选择的目标很可能是极具挑战的,因为如果目标很容易,就根本不需要这么麻烦。不过,你不需要陷在那些烦恼里,也不需要找出克服困难的方法,只需要写下对你来说为什么达成这个目标是有挑战的,然后让自己继续走到重建流程的下一步就可以了。

第八步：找到自信的理由

在我们的理解中，激发动机的最关键因素之一就是"信心"，也就是相信自己能够达成这个目标，或者对达成目标抱有乐观的态度。

到目前为止，通过这个重建流程，我们意识到了自己已经取得的进展，并招募了支持者，已经初步树立了实现目标的信心。除此之外，我们还能做什么来增强信心呢？

在进一步寻找富有信心的理由时，还有两件事也许值得我们深入研究一下，它们是：1. 重温以前的成功；2. 意识到额外资源的存在。

重温以前的成功

当你回想起自己在过往生活中曾经成功地解决了很多问题，也曾经达成过很多的目标，也许就能看到你目前所面临的挑战与你过去的经历无异。

同样地，如果是一个曾经一起工作过的团队，你问他们"你们以前经历过类似的问题吗？"或者"你们以前面临过类似的挑战吗？"，他们的回答很有可能是肯定的。

在谈论过去的成功时，即便当时所处理的问题和挑战与眼前的问题没有可比性，也会增加乐观的情绪。人们心里会忍不住想："不管怎么说，如果我们以前成功过，那我们还有可能再成功吧。"

意识到额外资源的存在

如果你在做团队教练，还有一个不错的做法就是让团队成员相互寻找其他人身上的资源。这种相互寻找资源的力量是非常强大的，不仅能够帮助团队成员意识到团队中的可用资源，还可以产生相互欣赏和信任的氛围。这种做法带来的"副产品"就是团队成员之间的关系得到了很好的改善。

我敢肯定，为了实现你们共同制定的目标，你们每个人都能以某种方式做出自己的贡献。你们都有一些资源，我说的资源是指你们的技能、才能和经验,甚至包括性格方面的美德,这些都能帮助你们的项目取得成功!为了找到所有的资源,我现在给你们每人一张纸,签上自己的名字。然后把这些纸传递一下。每个人都要在这些纸上写下他所看到的这个人所拥有的、能够帮助团队实现目标的资源。

我们也可以用前面学过的利用外部观察者的优势来发现这些资源。

你觉得,你的同事/你的上司/你的家人会说你拥有什么能力,能够帮助你实现目标?

你应该把发现资源看成一个主动的进程,你越是积极地寻找资源,就越是能找到更多的资源。在团队教练过程中,你可以很自在地问一些这类的问题,帮助你的客户发现他们所拥有的额外资源。比如:

还有什么其他可能对你有帮助的吗?可以是书,杂志,网站,你喜欢做的事,引领你生命的价值观,甚至是一些可以咨询的人。你都想到什么了呢?

当你得到一个回答的时候,可以接着问:"哦,它是怎么帮助到你的呢？"只有当我们明白哪些资源可以如何帮助我们实现目标的时候，它们才能成为我们真正的资源。

简单的做法

早些时候，在创建"重建流程"的初期，我们常常会很努力地帮助我们的客户挖掘信心的源泉，我们会跟他们认真探讨构建信心的各个方面。我们要确保客户意识到他们已经取得的进展，会让他们列出所有的支持者名单，找到所有能想到的资源，并帮助他们回顾过往的成功经验。

很快，我们就发现，这种小心翼翼是多余的。在大多数情况下，用一个毫不费劲的简单问题就可以得到同样的信息："是什么让你们相信能够实现这个目标的呢？"

例如，做团队教练时，你可以把他们分成很多的小组。让每个小组打分，看看他们有多么相信自己能够达成目标：从1到100，1代表"绝不可能成功"，100代表"没有什么可以阻止我们成功"。

一般来说，团队给出的分值都会高于1。无论答案是5或50，你都要继续追问：是什么让他们给出这样的估值？是哪些方面给了你们这份信心？你会发现，当他们回答这个问题的时候，就会自发地开始谈论他们拥有的资源，过往的成功，外部的支持，和已经取得的进展，等等。

操作指南

你已经回答了为什么实现目标不那么容易。现在,是时候去思考另外一个相反的问题了:尽管不容易,是什么让你相信实现这个目标依然是可能的呢?

列出尽可能多的理由。想一想你已经取得的进步,回忆你以前取得的类似的成功,你所拥有的那些额外资源。不必谦虚,多想想你自己的长处。你可能拥有相当多的技能和积极的品质,这些都可以帮助你实现目标。

你甚至可以去问你的支持者,问问他们怎么看待你成功的概率。如果他们说,他们相信你一定能实现目标,就去问问他们,是什么让他们对你这么有信心。你可能会惊讶地发现,其他人实际上是相信你的。他们这么说绝不是出于礼貌,而是有充分的理由相信你能够实现你的目标。

第九步：做出承诺

直到现在，我们的重建流程还没有问你要采取什么行动去实现这个目标呢。我们一直在做的是设定目标，描绘心目中的进展，并以各种方式增强动机。回到我们烘焙面包的那个比喻，这就像是面团已经和好了，也发酵起来了，是时候把面团放进烤箱，给它加热，烤制面包了。

甲：我们已经取得了很大进展。按照计划，我们会在两周后再见。这段时间你打算为你的目标做些什么呢？你的行动计划是什么呢？

乙：我也不是很清楚。你是要我做个计划吗？

甲：事实上，我希望你告诉我，从现在起到下次我们再见面时你会做些什么？其实，我更愿意你做一些小事情，而不是很了不起的壮举。只是很小很小的一步，你知道我的意思吧？下次见面的时候，你可以告诉我，你做了哪些行之有效的事情。你看怎么样？

在研发重建流程的时候，我们做了一个很慎重的决定，决定用"承诺"这个词来代表我们期待的行动计划，期待在每次教练约谈结束的时候，我们的客户都能制订一个行动计划。在商业领域里，"承诺"一词具有合约的意味。它给你的感觉是："我们不是在这里空谈一个美好的想法，我们是认真的。我们不只是计划要怎么去做，而是一定要让它发生。"这里的"承诺"含有下定决心的意思。

隐蔽的承诺

做团队教练时（面对企业的一个部门，或者学校的一个班级），你可以把他们分成小组，让每个小组做出承诺，说说下次见面以前他们打算为实现目标做些什么。或者，让每个人承诺自己要为这个目标做些什么。

无论是个人承诺还是小组承诺，你都可以建议他们悄悄地完成那些要做的事，而不要对其他人透露自己的承诺。如此，你便有可能让他们密切关注其他人的行动，并试图猜测其他人承诺在下次会议前要做的事情是什么。你可以这么说：

我想让你们分成小组。每个小组做一个决定，看看从现在起到下次见面之前做一件什么具体的小事帮助团队实现目标。我要你们每个小组互相保守秘密，把你们的承诺写在这纸上交给我就好了。不要告诉别人你们的计划。从现在开始到下次见面之前，我希望你们开始关注其他人的行为，努力"抓到"他们在做的与推进目标相关的"现行"。如果你认为你听到或看到了他们在说或做一些与目标有关的事情，什么都不要说，只要使个眼色表明你认为自己"抓到了现行"——发现了他们要做的事情就够了。下次见面的时候，我们会讨论发生了什么，谈论你们都做了些什么，看看你们是否准确地发现过别人所做的事。

小组活动进展的秘密性增加了项目的趣味性。小组成员将观察彼此的积极变化，这本身就有利于组员之间的关系改善。

致命的问题

可能你已经注意到了一个事实：教练过程中的那个重要问题——"你打算做些什么呢？"，在重建流程中出现得相当晚。这是因为我们觉得提出这个问题的时机很重要。我们需要先问出一系列的准备性问题帮助客户提升动机，让客户意识到实现目标所需要完成的一系列工作。

在教练过程中，如果在兴趣和信心尚没有完全建立之前，贸然去问"你打算怎么做"这个问题，效果会适得其反，容易对动机产生副作用。试想一下，假如一个病人告诉医生，他决定戒烟，医生直接回应道："你打算怎么做呢？"病人会如何反应呢？在有些情况下这样的问话会有帮助，但在大多数情况下，匆忙地让人们面对"你打算怎么做？"的问题，而不是耐心地花时间帮助病人建立动机，很有可能把人们吓跑而不愿意去承诺改变。难怪这个问题有时会被称为"致命的问题"。

慢步前进

——小步伐会让你比巨人走得更远。

我们总是建议人们慢慢来，先承诺做一些小事，而不是做宏大的计划。做出小承诺的好处是，人们更有可能成功地做到，会在下一次见面时谈论到这些进步。在小组教练辅导中，若每个人都有个人目标，我们需要确保每个小组成员的承诺都足够的小或者是适当的。比如你可以这样说：

甲：关于西班牙语的学习，在下次见面之前，你会承诺做些什么呢？

乙：我承诺去图书馆找一些学习西班牙语的书和 DVD。

甲：你确定这个目标不是太大吗？先承诺找到图书馆在哪里怎么样？

做出小一些而不是大一些的承诺的额外好处是，客户更容易注意到进步，也容易跟他人谈论这些进步。毕竟，留意这些进展，并与他人分享取得的进展是驱动前行的动力。这也是用焦点解决方法带动改变的核心理念。

广而告之的好处

如果你只悄悄地对自己承诺，你很容易不去遵守。如果你能向其他人承诺，一般来说会更努力地信守承诺。如果你能够把你的承诺公之于众，让每个人都知道你的承诺，则几乎是必须遵守了。

公开承诺会提升期望。那些知道了你的承诺的人会期望你履行诺言，他们的期望会对你产生社会压力。一种足够大的社会压力，尤其又是自愿承诺的，会产生额外的推动力，帮助我们实现自己设定的目标。

操作指南

为了实现目标,你需要采取行动,也就是做一些事情让自己朝着目标前进。你应该为自己制订一个每周计划书,这个计划书包括你给自己的一个承诺,承诺在未来七天里要完成的一个任务。

为了确保能够坚持完成每周给自己规定的任务,你应该做两件事。第一,你要写下自己的承诺,把这份承诺放在你可以看得见的地方,比如在日记本里,笔记本里,或者在冰箱门上,或者在互联网的博客上。第二,你应该找到至少一个,最好是几个人,分享你每周的承诺。与你自己选择的人分享你的承诺会给你施加适当的压力,这将增加你完成承诺的可能性。

为自己制订"每周承诺"的时候,有一个原则一定要记得:小步伐往往会让你走得更远。当决定下周要做什么的时候,不要太贪心,选择做小一些而不是大一些的事情。你承诺的事情越大,无法兑现承诺的风险就越大。最好承诺去做一些小的有可能做到的事情。毕竟,没有人会阻拦你做得比承诺得还多!承诺得小一些,当发现自己在过去的一周里取得了比承诺还多的进步时,你会获得意外的惊喜。

第十步：坚持记录进步

"跟进"是重建的关键部分。为了保持持续的动力，你需要正向的体验，感觉自己正在正确的道路上持续前进着。重建的理论基础是焦点解决心理学；因此，毫无疑问，"跟进"必须以焦点解决的方式进行，关注正向发展的那些指征。

为了做到这一点，你需要一个工具去记录项目发展过程中的那些标志性进展，可以是日记本，笔记本，报事贴，网页……如果缺少记录正向进展和变化的常规工具，这些进步的信息就容易被忽略，或者在有机会谈起它们的时候被忘掉。

做个人教练的时候，你应该要求你的客户准备一个工作日志之类的工具去记录接下来的项目进展情况。做团队教练的时候，可以考虑准备一张大纸贴在墙上，并请团队成员们承诺在这张纸上记录项目的进展。当日后回顾项目的进展和变化的时候，这张纸上的内容就会非常有用。

焦点解决方案的跟进过程，不仅关注进步，关注其中的快乐，还要在这个过程中去发现一起工作的其他人都做了哪些引发改变的事情，以及为什么这些事情能够带来改变。这种分析不仅能让人们对自己的行为产生自豪感，感受到他人的欣赏，更能够提炼成方法论以及发展进一步的措施，以保持车轮式的滚动前进。

积极反馈

项目的成功会带来积极的漪涟效应。例如，让一个班级的学生积极参与到改善班级安静水平的项目中去，体验这个班级变得越来越安静，很有可能会带来一系列积极的改变，比如班级成绩的提升、欺凌事件的减少、学生们的父母会更有兴趣关注或参与班级活动，等等。因此，在跟进过程中你的关注点不要只局限于那些与设定的目标直接相关的方面，也要留心关注客户在其他相关领域上的改变。

操作指南

为了确保留意到在项目进行过程中那些帮你达成目标的事情,那些点点滴滴进步的迹象,你需要一份日记,定时记录你每日的进展。任何时候,你做到的或者你观察到的改变都可以被记录在案。所谓的日记可以是贴在墙上的一张大纸,存在电脑中的一个文件,一个重建工作手册,一个笔记本,甚至是互联网上的博客,怎样都行。

强烈建议你至少与一个人分享你记录的内容,这个人或许就是你的支持者。下面有几个问题可以为你记录成功提供一些引导:

- 在过去一周里,你留意到了什么样的进步?
- 在过去的一周里,有什么亮点吗?
- 在过去的一周,你为自己的目标做了什么?
- 别人做了什么帮助或支持到了你?
- 谁注意到了你的进步,他们看到了什么样的进步?
- 正在进行的项目对你生活的其他方面有什么积极的影响?
- 过去一周发生的哪些事情给了你信心,让你觉得自己是可以做到的?

第十一步：为可能的挫败做好准备

当你着手去实现使命并为你的目标努力工作时，你会意识到事情并不总是像你预想的那样一帆风顺，你会在实践道路上遭遇到各式各样的挑战。为了使你在遭遇挫败时不致丧失信心，提前做好心理建设是十分必要的。挫折往往出其不意，所以你不可能为每一个可能的挫折做好预案。我们所能做的就是培养一种态度，将挫败视为过程中必然经历的一部分，并想好如何用建设性的方式去应对问题而不完全丧失信心的基本方法。

有时在使用重建流程做团队教练辅导的时候，保持积极状态会变成一种规条，这使得持有保留意见或者对达成目标的可能性持有怀疑态度的人不愿表达他们的观点。为了避免这种"强制乐观"和"只能积极"的态度，允许提出潜在的问题或可能遭遇的挫败是非常重要的。

没有进展

在努力实现目标的过程中，最常见的挫败是你觉得自己在原地踏步、没有取得任何进展。一个项目被确立后，最开始貌似是在朝着正确的方向发展着。然而，持续一段时间的工作后，进步明显放缓，总体激情在下降。这时候就需要停顿一下，去思考是否需要重新校正方向。在这种情况下，以下四个问题或许会对你有所帮助：

1. 你要重新思考目标吗？

你现在选择的目标真的是你发自内心想要的吗？是不是还有更重要的东西才是你真的想要付出时间和精力去实现的？有时候人们做了一个决定，但是随着重建流程的推进，他们逐渐意识到这个不是他们真正想要的目标，他们真正想要的是另外的东西。在这种情况下，用另一个目标来代替也许才是良策。

2. 你在做正确的事情吗？

如果你确信所选择的目标是正确的，那就需要问问自己，你采取的行动是否有效？你到目前为止所做的一切都在朝着正确的方向发展吗？你所做的这些有用吗？该试试其他的方法吗？你的支持者会说什么？他们有什么好主意可以帮助你向前推进吗？老话说得好："不较劲儿。这个办法不行，就换一个。"

3. 你需要更多的资源吗？

假设你的目标是对的，你也在用正确的方式向前推进，那你可能就是缺乏资源。你需要你的支持者投入更多吗？还是需要招募更多的支持者？你需要更多的资金吗？更多的信息？更广泛的关系？如果你是缺乏资源，找出来你到底缺的是什么，然后做计划去获得它。

4. 只是缺乏耐心？

最后，也是很重要的一点，当感觉事情缺乏进展时，你需要意识到，很有可能事情在正确的方向上推进，甚至在以正确的节奏前进，你的挫败感也许仅仅源自不够耐心或期望值过高。如果是这样的话，我们要记住古老的东方智慧——顺势而为。

操作指南

车轮已开始旋转，你已经做出承诺，并做好了准备开始密切关注和持续跟进项目的进展。在踏上征程之前还有一件事情，就是要对前进道路上可能遇到的挫折做好心理建设。事情不会总是如你期待的那般顺畅，在迈向成功的路上，各种复杂的状况也许会不期而至。

花时间思考一下在这条路上你可能会遇到的一些具体而复杂的情况。它可以是任何一件事情，从伤风感冒到国家立法层面的变革，从找不到时间兑现承诺到所在机构的部门重组。你是唯一一个能在这条路上对潜在挫折做出明智预测的人。

一旦列出可能遭遇的挫折表单，就可以继续做出相应的预案来应对可能的变故，而不致在状况发生时失去希望和动力。你的计划不一定是精准应对的详细策略，只要能够意识到这些挫败事件的可能性，有一个大致的应对想法，或者一个乐于和挫折打交道的积极态度就够了。

第十二步：庆祝成功及感谢他人

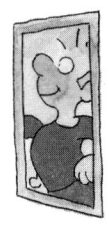

庆祝成功

一旦你实现了目标，或者觉得取得了足够的进展、可以结束项目了，就到了庆祝的时刻了。庆祝指的是总结进步，赞赏自己为实现目标所做的一切，感谢那些以某种方式为你的进步或项目的成功提供了帮助的人。

庆祝仪式的作用不仅仅是让人们对自己的成就感到高兴，更重要的是，庆祝可以巩固已经取得的一些成果，意识到那些对自己有用的方法，并在社交网络中发布这些成果或积极改变的消息，以确保得到他人的持续支持。

巩固成果

启动项目比运作和执行到底要容易得多。因此，你经常会发现人们不停地开启一个又一个的项目,每一个都变成了没有终结的项目。

竣工仪式,或者叫作终期回顾,是重建流程的重要组成部分。在这一步里,你可以收获果实。

终期回顾就是你自豪地宣布目标已经实现、任务已经完成的时刻。如果你当初设定的目标很明确,如减重 5 公斤,或者建一座房子,这一步就很容易完成。然而,很多时候人们设定的目标很模糊,无法清晰地界定是否已经实现,因此终期总结会的时间点有些难以把握。

所幸的是,你也许不必把"终期总结"当作圆满完成任务的里程碑,而是把它看成为这个项目所设定的一个分界点,看作某种意义上的最后一站,来评估一下你走过了多远的路,又是如何一路走过来的;给自己一个时刻为自己取得的成功感到骄傲,并把从中获取的能量带到生活的其他方面上去。

意识到使用过的有效方法

庆祝阶段的关键问题之一是:"你都做了什么让你到达了这里?"这个问题能够让人们察觉到自己所使用过的有效方法,而且把这些进步归功于他们自己的努力。进一步的问题包括:"你还做了什么?""你是怎么想到要做这个的?""你是怎么找到这个办法的?",或"你是怎么做到的?"。这些问题能够帮助人们看到并欣赏自己在整个发展过程中所扮演的角色。

没错，我们确实可以从错误中学到很多，但是我们能从成功中学到更多。

将成功告知更多的人

"终期总结"也是一个机会，可以让你有计划地把所取得的进展告知利益相关人。都有哪些人应该知道这些正向的变化呢？为什么要让这些人知道这些呢？要怎样通知他们呢？

在很多情况下，把这些正向的改变广而告之会有很多的好处。比如说，你的目标是要学着坦然表明立场，能够在需要的时候说"不"。掌握这个技能对你很重要，但是让你的家人和同事了解和欣赏你的改变也同样重要。很多时候，改变，不仅仅是在改变你自己，也是在改变你和这个世界的关系。

分享功绩

向外界报告你的积极变化是一件很微妙的事，你不能想当然地认为你的积极变化一定会得到热情的肯定和无条件的欢迎。事实上，你的好消息在其他人的眼里很有可能是个坏消息。设想有两个人一起减肥，A君高兴地对B君说他达成了目标，成功地甩掉了几斤肉。如果B君的减肥不仅不成功甚至还重了几斤，在某种意义上，A君的好消息对B君就是坏消息。即使B君可能为A君感到高兴，但是B君还是会忍不住为自己感到难过，因为A君的成功让B君感到自己是一个失败者。

如果某人在听到某个好消息的时候感觉到了某种指责，这个好消息有可能变成坏消息。比如你说："我们部门运作这个项目两星期了，已经取得了很棒的成果。"听话的人可能在脑子里"听到"完全不同的意思："这个项目在你们部门都忙活一年了，怎么什么成果也没有啊？"

所以，分享成功的好消息总有一种风险存在其中——收到这个消息的人或许会把你的话看作一种间接的指责。设想一个情景，一个长时间出差在外的丈夫回家后向妻子询问他不在家时孩子们的情况：

丈夫：亲爱的，我不在家的这段时间孩子们怎么样呀？
妻子：哦，挺好的，真的很好。事实上，我们根本就没有出现你在家时的那些问题。

事实上，如果你愿意把你的成功部分地归功于接收信息的人，这种间接的指责是可以完全避免的。试想，如果上述故事中的妻子用另外一种方式表达会有什么不同呢：

丈夫：亲爱的，在我不在家的这段时间孩子们怎么样呀？

妻子：哦，他们很好，真的非常好，你不在的这段时间他们都很棒，我觉得你能每天和他们通电话对孩子们很重要。

如果你在分享好消息的时候，能够采取一种合作的姿态，把取得进步的功劳部分地归功于对方，发布好消息的过程就会容易得多，会让他人感觉舒服得多。"我们在这个项目上工作两星期了，感觉取得了不错的进展。你们在交给我们之前所做的工作也让我们受益良多。"

即使你没有像重建流程建议的那样专门招募一批支持者，也肯定有很多人扮演了这样的角色，他们用这样或那样的方式为你的成功做出了贡献。如果你能够在分享好消息的同时，认可他们对你的支持，慷慨感谢他们的付出，就能带来好多积极正面的影响，能够使成功的消息更好地得到传播，消除可能的妒忌，加强你和那些贡献者之间的合作。

庆祝成功是一种态度

为自己的成就感到自豪并感谢他人的付出是重建流程的最后一步，因为有些事只在达成目标的时候去做才更有意义，也正好结束这个项目。

确实，从某种程度上来说，庆祝的想法与项目的结束确实是最搭调的。不过也许你已经想到了,"为自己的成就感到自豪"和"感谢他人的付出"并不一定非等到项目完成才能进行。它其实可以被看作一种态度,一种基本的立场,渗透在整个重建的过程中,你甚至可以说它是重建教练流程的核心和灵魂。

请把庆祝作为一种理念贯穿在你与他人的合作中,不要把它想成只有在项目取得成功的时候才能去做的一件事,要把它看作在每一个阶段的相互鼓舞。你会发现,在工作或生活中鼓励人们为自己的成就感到自豪,以及慷慨地感谢他人的付出是有感染性的。从某种程度上来说,重建本身就是在做这样的事,它是一个传播好消息的手段:通过与他人的合作来达成积极的改变,与其他参与者分享荣耀,我们就可以在团体中创造喜悦、共享成就感。

操作指南

当你觉得你已经达成了目标，或者对已经取得的进展感到满意的时候，这个项目就到了结束的时候了。很重要的一点是，记得用适当的方式来结束项目。不是突然停止，而是优雅地，以重建提倡的方式来结束。以适当的方式结束项目可以确保取得的改变得以延续，不仅令你本人，也会令你的名声随之改变，可以让你继续获得他人的支持。

花点时间审视你的进展，看看你的日记，总结你所做的一切，所发生的变化，项目的所有亮点，以及你观察到的进步和在达成目标的过程中引发的反响。

现在，你可以自问以下的相关问题：

- 你做了什么让这一切发生了？
- 你为自己做过的什么感到自豪？
- 在你用以朝着目标前进的方式中，别人欣赏的是什么？

操作指南

不必谦虚。为自己的成就感到自豪是实现目标的重要组成部分，自豪感可以帮你意识到你做的哪些具体的事情让你取得了进展，未来再遇到类似挑战的时候，你就知道需要做什么了。

是的，你一定为实现目标付出了很多的努力，但是不要忘了其他人，特别是你的支持者。很可能，他们在某种程度上促成了你的成功。他们也许为你提供过思路和建议，或者以某种方式支持过你，有时候人们甚至是在无意中帮助过你，比如他们曾经用话语激怒过你，令你一心要证明他们是错的，或者无意中做过对你有帮助的事。想想那些社交网络中的人，想想他们是怎么为你的成功做出贡献的。最后，再想一想如何让这些人知道你的成就，如何让他们知道你很感谢他们在你的成功故事里扮演的角色。

第六章
用重建解决问题

谈论问题的时候,我们想要知道为什么会有问题;谈论目标的时候,我们想要知道如何达成目标。

到现在为止,我们已经描述了如何将重建教练流程作为一种方法去帮助人们达成他们所期待的目标。这里所用的方法是:不纠结于人们的问题,而专注于找到他们想要的未来,找到他们想要的目标,并通过达成这些目标而实现梦想。

然而,在现实生活中你为之提供教练辅导的客户经常会更愿意关注问题,邀请他们绕过问题把注意力放在未来上会让他们感觉不舒服。焦点解决的思维方式会让他们觉得你对现状和问题轻描淡写,好像是在通过保持正面积极而逃避真正的问题。

有时你的客户感觉非常有必要和你谈谈他的问题,他们觉得你有必要理解他们问题的本质。这时候你需要遵循一个原则:"在客户需要的地方迎上去"——去谈论他们内心最需要谈论的问题是一个很明智的做法。事实上,从中引出他们所期待的未来刚好就是一种确认目标的做法。另外一个做法也同样有效,就是先列出问题清单,然后从这些问题出发找出相应的目标。

问题和目标并不是不相干的两件事。事实上它们可以被看作同一枚硬币的两面。每当我们感觉遭遇困境的时候,其实也就是我们觉得到了要改变的时候了。为了完成这个改变,成功地解决问题,我们需要形成一个关于未来的构想——"如果没有问题,我们想要的状况是什么样的"。硬币另一面所代表的目标就是用来帮助我们察觉我们所期待的事情的样貌,而不是它目前的状况。

我们创造了一个新词"目标化"(Goaling),是指确认问题背后的目标,明确你想要什么,或者把问题转化为相应的目标。"目标化"是很关键的一步,即看到问题之后,把问题反转,找到你想要的"可实现的目标"。通过"目标化"的操作,也就是把一系列的问题反转为一系列的目标,就可以依据这些目标进入重建流程了。

以下是一些"目标化"的案例,把问题重新定义为可实现的目标:

- 问题是"低自尊",相应的目标是什么呢?答案取决于你如何定义"低自尊",但一般来说,目标可以是"相信自己""为自己的成就感到骄傲""自信"等。
- 如果团队的问题是"过度竞争和缺乏合作",相应的目标是什么呢?目标是问题的对面,也就是让团队成员之间达成良好的沟通和合作。
- 一对夫妻的问题是"不断争吵和不良沟通",目标应该是什么?答案当然不是固定的,可以是"学会用尊重的方式沟通"或"用相互欣赏的方式谈论遇到的问题"。

请注意,这里的"目标化"并不是找到解决问题的方案,而仅仅是一种新的描述问题的方式,即用你所期待的结果来描述或表达你的问题。

在下面的这个案例中,教练是这样为一个团队解释"目标化"这个词的:

你们提到了很多我们需要处理的问题。接下来我希望你们做的是,把你们观察到的每一个问题转化为相应的目标。请你们组成三四人的小组。拿出一张纸,在纸的中间画上一条线,把纸分成左右两部分,在纸的左边,写下你觉得需要处理的一系列问题,然后把问题一条一条地转化为相应的目标,逐一写在这张纸的右边。完成后,将这张纸沿着你画好的中心分割线折叠，撕成两半。你会得到两张纸，一张是问题清单，一张是相应的目标清单。扔掉有问题的那张，带着有目标的那张回到大组里。以上内容希望你们能够在15分钟之内完成。我们会收集大家在纸上转化的目标，然后从目标出发开启研讨。

"目标化"会让谈论问题变得容易。当人们用惯常的方式去谈论问题时，会指出问题，并尝试解释产生这些问题的缘由。这样的做法常常会使谈话变得艰难，因为一个人对问题原因的解释经常会让其他人感到被批评或被指责了。当人们感觉自己被批评了，就会本能地为自己做辩护。参与对话的人一旦有了自我辩护的需求，就会对谈话的氛围产生负面的影响，破坏合作的意愿，而无法找到解决方案。更糟糕的是，当再次探问"为什么问题还没有得到解决"的时候，常常会引发新一轮的自我辩解和自我防卫，进一步影响合作的氛围，让找到解决方案的可能性变得更加渺茫，解决问题的良好愿望却导致了问题的恶性循环。

"目标化"是一种避免陷入这种恶性循环的方式。当问题被转化为目标以后，对话就有了一种不同的性质。人们会意识到已经取得的一些进步，并思考和谈论这些进步是怎么发生的。在邀请参与者去解释这些进步的时候，人们会肯定和感谢每个人为此付出的努力，整个对话的氛围和参与者的情绪会变得轻松和积极起来；与会者会更愿意合作，交流各自的点子，

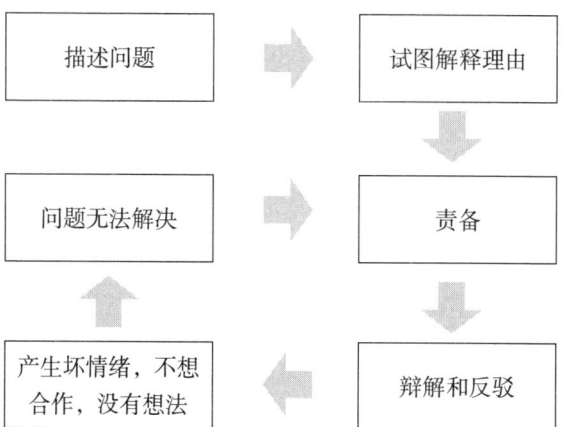

看看还需要做些什么去推动目标的达成,新的想法就会产生。因为要解释"进一步的改善是如何发生的",整个项目也因此进入良性循环。

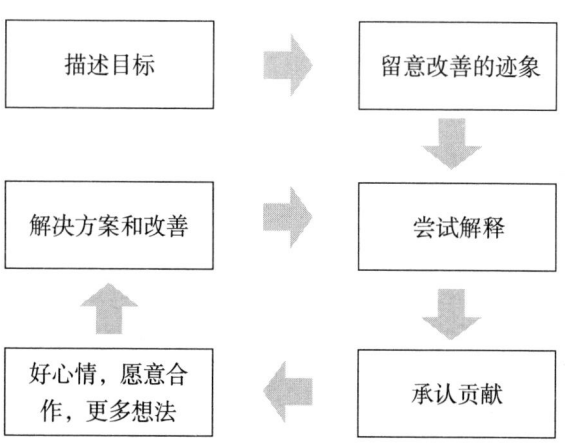

一旦问题被相应的目标所替代，你就能用重建的步骤去推动问题的解决了：

- 这些目标中，哪一个是你最想要达成的？
- 你认为达成这些目标会有什么积极的影响？
- 谁能帮助你达成这些目标？
- 目前已经有了哪些进步？

诸如此类。需要指出的是，在重建流程的启动阶段我们会确定问题，再把问题转化为目标，但这并不排除获取关于未来的希望和梦想的信息。这种对话可以发生在你跟客户探讨目标的好处时，你可以很自然地问道："达成这个目标会帮助你实现什么梦想呢？"

焦点解决的方式是要你把注意力放在梦想、目标、资源和进步上。但是这并不代表恐惧问题。相反，我们把问题看作资源，看作正在显现的目标，看作对话开始前的序曲：从人们不想要的画面入手找到想要的画面。

下图是重建流程的示意图。它想告诉你的是，你可以从梦想中，也就是你未来的远景中找到目标；也可以从问题中，也就是通过转化问题而找到目标。

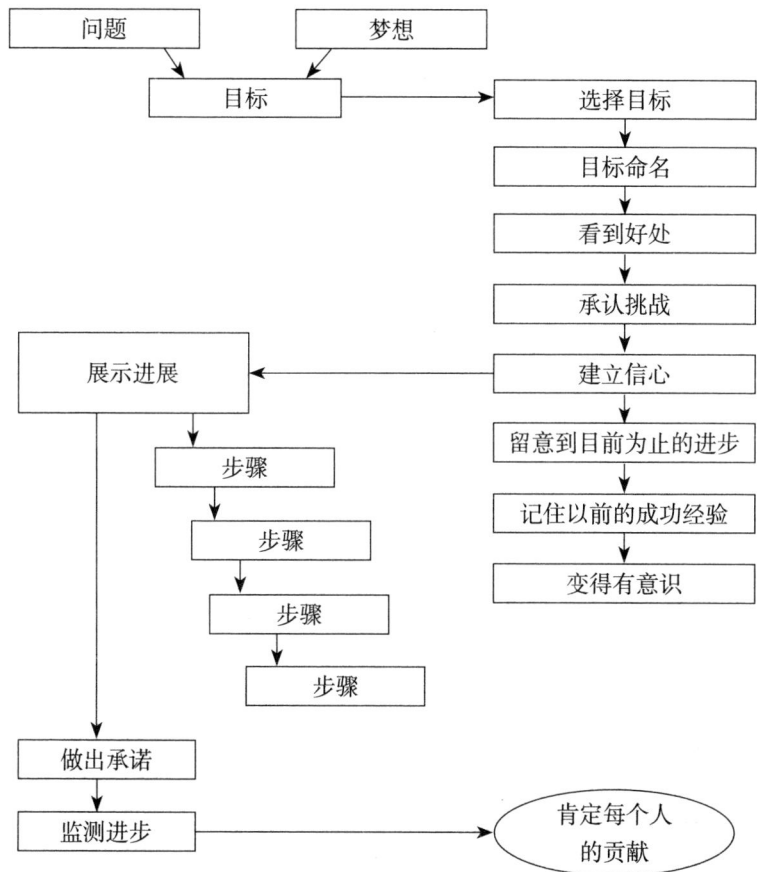

第七章
如何为有个人目标的
小团体进行重建

重建流程的设计初衷是为那些有共同目标的工作团队提供教练。在第一本工作手册被开发出来之后,我们发现这套方法也同样适用于为拥有个人目标的小团体提供教练。

重建流程几乎适用于任何小团体的教练辅导情景,人们可以组成小组,约定好几次相聚的时间,用重建流程相互支持彼此克服困难、达成目标。它曾经被成功地用于有各种目标的小组,包括体重控制,帮助长期失业的人以自己的方式重回就业市场,帮助慢性疼痛患者改善生活质量,支持人们从倦怠或抑郁中恢复,鼓励康复过程中的精神病患者,支持员工实现与工作相关的个人目标,支持学生提升学习成绩,等等。

支持小组可以由四五人组成,大家彼此支持,按照重建的步骤设定并完成个人的发展目标。作为教练,你的职责就是按照流程给出任务说明,回答一些问题,并在他们完成任务的过程中带着欣赏表达你对他们的好奇和兴趣。小组成员会按照所布置的任务独立工作，因此你可以在一个房间或空间里同时为几个小组提供教练。

在过去几年里，我们举办过各种这方面的工作坊和培训研讨会。或许介绍这个工作流程的最好方式，就是和大家分享一下我们常用的带领方法以及具体的流程说明方式。

1. 欢迎参与者

首先向参与者解释什么是"重建"，并简要概述整个流程。如果可能的话，为参与者提供一个重建工作手册，用于记录和跟进整个流程中的各个步骤。

2. 分成小组

把大家分成四五人一组，以小组形式完成整个流程。这些小组成员之间可能相互熟悉，也可能不熟悉。

3. 热身练习

让小组成员在小组内做简要的自我介绍。我们惯常使用的引导方式是这样的："我想让你们彼此做一个自我介绍，告诉别人你的名字和你来自哪里。除了介绍自己，我还想让你们跟小组内的每一个人说一件你欣赏他们的事，说一件就可以了。如果你们以前就彼此认识，这个任务是很容易完成的。但如果以前你们没见过，就要依赖你的第一印象了。你可以说些这样的话：'约翰，我虽然不认识你，但你给我的第一印象是，你是一个（什么什么样）的人……'，你要用一个正面的词来描述他留给你的第一印象。说的时候要脱口而出，并且要实事求是。不要过分煽情，比如流泪、拥抱什么的都不必要。听到别人对你的欣赏，只要点一下头，或者说声谢谢就够了。然后转向下一个人，直到每个人都对所有人说完一个正向的印象。"

所有人讲完话（整个过程）不要超过十分钟。练习结束后，问问大家对练习的感受如何，你会发现通常人们都很喜欢这种练习。这是非常简单、有趣的练习，并对小组的气氛产生惊人的积极影响。

4. 欢呼仪式

在正式进入重建的教练流程之前，推荐你们在小组里引入"啦啦队的做法"。这个做法就像运动员比赛进球之后用一种仪式来庆祝差不多，为的是相互鼓励和支持。你们可以借鉴一些团体赛常用的做法，比如在足球、冰球或篮球比赛进球后，球队都会有的一些属于球队自己的集体庆祝胜利的方式。

有时候，使用一些比较微妙的庆祝仪式比那种大声的或喧哗造势的方法取得的效果会更好一些。在工作坊的环境中，使用什么样的仪式都没关系，但是如果能选用一些比较微妙的庆祝仪式或手势，比喧哗的庆祝方式会更容易或更方便让大家日后把它用到自己的工作环境里。

我希望你们花点时间设计出一个集体的庆祝仪式，以后每当你们听到什么好消息的时候，完成了某件事情的时候，或者在什么事情上取得成功的时候都可以用这个仪式来表示庆祝。我说的"仪式"是指运动员进球后在运动场上做的那种动作。你们肯定见过足球比赛球员进球后场上发生的事，他们会用类似叠罗汉的方式表达取得胜利的喜悦。在篮球比赛中，队员们会伸出手上下击掌来庆祝投球成功。你们可以想出一个类似的方式，比如一个手势或暗号，每当有什么值得骄傲的事情时就可以用来表达你们的喜悦。

当小组完成这项练习，找到了这样的手势，请他们出来展示或表演一下，并跟他们解释说，你希望他们以后能常常用到这个手势，任何时候，只要看到小小的进步就可以用这个手势来相互激励。

5. 描绘梦想

这一步是重建流程里的第一步,让参与者两人一组,用访谈的方式谈一谈彼此未来的愿景。

接下来我想让你们做的是,在你们的小组里选择一个伙伴,给彼此做一个访谈,谈一谈你们的愿景。选择未来的某一天,至少是从现在开始一年之后的某一天,然后把此刻就当作那个日子,来采访你的伙伴。那个时候他/她应该是非常快乐和神采奕奕的,因为到目前为止一切都进展得很顺利。访谈的目的是试图发现他/她的生命中到底发生了什么。从对方那里找出那些令他/她感觉快乐的事:是工作或学习中发生了什么吗,是家里有什么好消息吗,兴趣爱好方面,还是友情方面,试着去找出你的伙伴在这段奇特的生命阶段所经历的奇妙体验,记下他/她告诉你的内容,无论你是否擅长绘画,都尝试着把这些内容画下来。一幅小画胜过千言万语。做好了之后,就把你为对方记录下来的内容送给他/她,当作你给对方的一个小礼物。

你应该给每位参与者至少20—30分钟来完成这项练习。一般来说,这个访谈一经开始,只要讲述者对采访者感觉心安,就会在愿景这个话题上谈论很长的时间。

6. 制定目标

下一步是让参与者确认一个他们想要实现的目标，并把这个目标告诉小组的其他成员。

想想你的梦想，然后考虑一个能帮助你梦想成真的目标。我所说的目标是指你需要学习什么，或者你要改变什么，或者完成一件能够帮助你梦想成真的事情。你的目标不能用负面描述来谈论，例如停止做某件事情或去掉某些坏习惯，而是要用正面描述，比如去达成一个心愿，或者做一件让你骄傲的事。选好目标后，就可以回到小组中与其他人分享了。当听到别人的目标时，小组内其他人可以带着好奇多问几个问题以确保真正理解对方所说的这些目标是什么，然后当众表达你们的钦佩："哇，听起来真的很有趣！""这个目标太棒了！""我怎么没想到呢。""真是个好主意！"你们甚至可以在每个人宣布他/她的目标时试一试你们小组刚刚确定的欢呼仪式。

7. 名称与象征

一旦知道了每个小组成员的目标，你们的下一个任务就是帮助每个人找到目标的名称和象征性符号。

我想让你们把你们的小组想成是一个广告代理机构。你们的任务是互相帮助,为每个小组成员的目标找到一个好名字,这个名字可以是很有趣的、很酷的、很形象的、切合实际的,或者有象征意义的,它可以是一个词,或是一个短语,总之它要能够表达出你要实现的目标的本质。

其他人的任务只是提供建议和灵感,只有目标拥有者本人有权最终决定这个项目的名字。

一旦确定了目标的名字,就可以继续为它找一个象征性符号。我说的"象征性符号"可以是一幅图画,一个标识,或一个记号,任何你能画出来的表达,或者一个能握在手里的物件,总之是能够代表你的项目并能够提醒你的东西。你们当中可能有些人比较擅长绘画,所以不必犹豫,你们可以直接请求帮助,让他们帮你画一幅画。这就是小组存在的意义——我们可以以任何方式支持和帮助彼此。

8. 支持者

因为每个小组有四五个人,所以从某种意义上来说,确认支持者这一步已经开始了,每位成员实际上已经有了三四位支持者了,而且这种支持关系是相互的。能够得到其他人的支持对于每个人都意味着很多,而能做其他人的支持者也是一种荣幸。

想一想小组成员之间可以拥有的那些相互支持、帮助和激励的方法，比如：可以对其他人的目标感兴趣，可以问一些给人启发的问题，或提出一些不错的建议，也可以去挑战其做法的有效性，或分享自己进步的喜悦，还能够在他人的事情进展不如预期时表示安慰，或者可以用自己取得的小成功来激励他人……这些方法是无穷无尽的。

除小组成员之外，最好也在小组之外找一些支持者，比如家人、同事或朋友。小组成员也许不会经常见面，有时候在整个项目的进展过程中一共才能见到有限的几次，所以你需要招募几个每天都能见到面的支持者。

接下来我想让你做的是，看看可以跟谁说一说你的这个项目，你的家人、同事或朋友？谁应该知道这些？你会怎样告诉他们？你期待他们做出什么样的反应？你会怎样请求他们来支持你？你会请求他们做哪些具体的事情来帮助或鼓励你达成目标？在小组成员的帮助下制订一个计划，看看如何邀请其他人参与到你的项目中来。

这个讨论最后会引出第一个家庭作业，就是去跟那些被确认为潜在支持者的人聊聊，把你的项目告诉他们，并且邀请他们用你喜欢的方式来支持你达成目标。

9. 好处

在重建流程中，把"招募支持者"这一步放在"确认项目带来的好处"之前是有原因的。首先，选好支持者之后，可以把这些人当作"外部观察者"跟当事人探讨项目带来的好处，比如你可以问当事人："你觉得他（支持者）会怎么说你实现这个目标的好处呢？"其次，当事人的目标实现常常也会给支持者带来这样或那样的好处，能够帮助当事人意识到这一点可以让他在招募支持者的时候更有感觉。"你认为这个人会从你的目标实现中受益吗？他是怎么受益的？"

邀请参与者相互采访，谈谈实现目标的好处，你可以这么说：

你们的下一个任务是找出实现目标能够带来的积极后果，不仅是为你自己，也为其他人，包括你选定的支持者带来的好处。轮流进行，每次跟一位小组成员对话，尝试着帮助他/她看到实现目标带来的尽可能多的好处。以下的两个提示也许对你有帮助：

首先，当问出问题"你会从这个目标中得到什么好处"后，无论他/她的回答是什么，都可以继续追问"这个结果对你又有什么好"。比如，这个人回答"我会有更多的时间留给自己"，你可以继续追问："嗯，你会有更多自己的时间，听上去不错，有更多的时间对你又有什么好呢？"适度使用延续性提问，有助于勾画出关于好处的丰富画面。但是也要慎重，如果过度使用提问"那个对你又有什么好"，有时会给人鹦鹉学舌的印象。

其次，你可以通过这类提问帮助对方扩展受益者人群的范围，看到更多的面向。你可以问："还有其他人会从你的目标中获益吗？"或者你甚至可以提醒他／她："你的配偶／子女／同事会从你实现这个目标中获益吗？""他们是怎么受益的？"

给每个被采访者 10—15 分钟来进行探索。最后一个提示，如果你是被采访者，最好不要自己做记录，而让小组的其他成员帮忙做记录，这样的采访效果会更好。

小组完成任务后，让他们做点反馈。你觉得这项任务怎么样？你享受其中吗？这个过程有没有改变你什么？对你实现目标的动力有影响吗？你对于花时间谈论好处这事怎么看？为什么对我们来说意识到达成目标的潜在积极影响是很重要的？

10. 意识到目前为止的进步

介绍下一项任务，你可以这么来介绍：

在大多数情况下，当人们选择了一项目标时，他们实际上已经在路上了，也就是说，他们已经做了一些跟目标相关的努力了。

然后继续说——

接下来我想让你们在小组里面依次采访每一个人,让他/她说说在通往目标的过程中已经取得的那些进步。试着去发现他/她在通往目标的路上已经走了多远,做了些什么,其他人为他/她的进步做过什么贡献。挖掘得越多,就能越多地意识到他/她已经在正确的方向上推进了多少。

11. 描绘即将到来的进展

到现在为止,小组成员已经明确了每个人的目标和目前已经取得的进展,接下来的任务是让参与者预想一下未来项目进展中一步步的变化。这个任务的用时大概是每人需要至少15—20分钟,你可以考虑让参与者两人一组进行讨论,然后再聚到一起跟其他人分享。

现在,我想让你们相互采访一下,如果未来一切顺利,事情会有怎样的进展。你可以在工作手册上画出一步步的变化,也可以在一张纸上画出每一步。第一步是从现在开始一周以后,下一步是两周以后,等等,最后一个步骤是你已经达成目标的时候。从第一步开始,问一问你的搭档:"如果你下一周取得了一点进步,会有什么迹象呢?"然后,"那两周以后呢？那时会出现什么迹象表明你又进步了一点呢？"。一直这样问下去，直到把每一步都描述完，包括最后一步。

12. 挑战

在小组教练对话的最后阶段，参与者必须要告诉其他的小组成员，在下一次见面前他们要完成的事情，以确保能够向前推进目标的实现。但是在这之前，我们可以先让他们谈谈为什么实现目标没有那么容易，然后再谈谈是什么让他们感觉尽管不容易，但还是有信心实现这个目标的。

你们每个人都知道这个目标并不容易达成，沿途可能会有障碍，需要应对挑战，需要说服其他人……你肯定能说出很多很多的不容易，也都有不容易的理由。也许我们可以花点时间面对现实谈谈这个项目，谈谈达成目标过程中可能遇到的困难。但是我不想让你们在这个步骤上花费太多的时间，因为不想让你变得悲观。你们每个人只要说一下为什么你的项目不那么容易就够了。做完这一步我们就要继续进入下一步，讨论一下到底是什么给我们信心，让我们相信"尽管不容易，还是能够达成目标"的。

13. 信心

你们已经说了为什么不容易达成目标。现在我想让你们去检视一下硬币的另外一面——为什么尽管困难重重，你还是认为有可能成功。告诉其他小组成员，为什么你相信你能做到，是哪些具体的理由让你对实现目标感到乐观。然后，我想让小组的其他成员说说自己的看法，为什么你们对他／她达成目标有信心。仅仅说有信心还不够，你们需要举出具体的例子，告诉他／她你们从他那里观察到了什么或听到了什么让你们有了这个信心。因此，如果一个小组成员说："我认为你可以做到这一点"，被肯定的人可以挑战他／她说"你这么说只是想表现得积极乐观吧？"这样回应的目的是想要让他／她给出乐观的理由。"不不，我不是仅仅想显得乐观，我是认真的。"然后这个人就要开始罗列证据，"我认为你能做到，是因为我留意到……"

这一步大约需要 20—30 分钟的时间，让每个人都有机会得到赋能。结束后，你可以问问他们在这个过程中的感觉，这个任务对他们有什么影响。总的来说，这个任务会激发参与者的信心。听到别人，特别是那些对你的项目有所了解的人告诉你，他们观察过你的能力、确信你能够达成目标的时候，这种感觉还是很有说服力的。

14. 承诺和跟进

为了让重建达到预期的效果，团队需要不止一次的见面，最好能有几次。这样安排的意图是，一旦某个项目确认成立，参与者需要在每次会议结束之际告诉小组的其他成员，在下次见面之前他们打算为实现目标做些什么。

在你们离开之前，我想要你们告诉小组里的其他成员，在下次会面之前，你打算做点什么帮助你在实现目标的道路上前进一步。也就是说，你要跟你的小组承诺下次会面之前你要做的事情，但是不要承诺做什么大事，只要是你一定能执行的小事就好了。小组的任务是确保没有人会做出一些很大但没有办法执行的承诺。在下次会面的时候，你就可以告诉其他人你都做了什么以及有什么成果了。

下一次会面的时候，以及以后每一次的跟随会面时，小组成员都会很兴奋地从彼此那里得知事情是如何进展的，每个人都做了什么，支持者怎么回应，有什么惊喜，等等。

在这里，我想请你们彼此报告一下自己的进展。你可以告诉小组成员你上次承诺要做的行动是什么，告诉他们你做了什么，以及有什么成效。作为一个小组，你们的任务是彼此帮助，去关注和欣赏每个人哪怕是很小的进步。记住那句格言："小步伐常常会比巨人走得更远。"在你继续前行之前还有一件事，还记得你们的庆祝仪式吗？这是一个绝好的使用时机，可以表达你们对团队伙伴们的欣赏。

感谢他人的支持是重建的一个重要元素。不必等到项目结束的时候再去表达感谢，你要鼓励小组成员在整个过程中时时地对彼此表达感激。在每次会议结束的时候，你要提醒他们感谢参会的小组成员，当小组成员报告他们的进步时，你应该提醒他们感谢别人所做的贡献。

当你把你的最新进展告诉你的伙伴时，我希望你也能告诉他们，他们是如何对你的进步做出贡献的。要说得尽可能具体一些，不要只是说"你们很支持我"，而是告诉小组内的每一个人，他们具体做的什么或者说的什么对你是有帮助的。

15. 庆祝

你应该保证这个基于支持小组的重建项目有一个适当的结束仪式：一个总结会，或者一个庆祝活动，让参与者有机会分享成功的感觉，为自己的成就感到骄傲，为他人的成就感到高兴。这也是个很好的机会，让小组成员再次感谢其他人在这个过程中对他/她的帮助、支持和鼓励。对小组成员表示感谢很关键，但也不应该忘记其他支持者曾经以这样或那样的方式给予过的帮助。

你的最后一项任务是要告诉小组里的伙伴们，其他人都是如何为你的项目成功做出贡献的，尤其是在项目开始就被你邀请做支持者的那些人对你有些什么帮助。你们可以相互帮助制订一个计划，看看如何把你所取得的进步告诉这些人，如何感谢他们为你取得成功所做的一切。

*** ***

这种小团体重建模式的独特优势是，参与者不需要有相同的目标。这个方法很适用于那种参与者的目标完全不同的复杂团体。原则上，你可以做一个重建的支持团体：一个人的目标是戒烟，另一个人是要找到一份工作，第三个人是想创立一家公司，第四个人是克服职业倦怠。成员结构复杂的小组有个优势：因为参与者有不同的目标，小组成员之间没有相互竞争，他们可以更加全心全意地相互支持。

第八章
如何为团队协作进行重建

团队是指为了某种目的在一段时间里一起工作的任何一群人，比如，可以是一个工作团队，一个项目团队，一个运动团队，一群一起学习的学生，甚至可以是一个乐队或者乐团。

重建可用于改善团队的运作效能。团队将确立一个愿景，即他们希望未来如何一起工作；他们还要确定一个目标并一起努力实现这个目标。重建不仅会帮助团队实现他们的目标，而且还能提高团队士气，增强团队成员之间的合作。

教练辅导团队的时候，你可以从列出团队的问题开始，然后把问题转变成目标，就如第十章介绍的那样；你也可以从邀请团队去想象一个理想的未来开始。我们将在这里介绍后一种方式。

1. 简介

在开始按照重建的步骤为一个团队提供教练之前，你应该先给大家介绍一下这个方法，给大家一个初步的概念，告诉他们你打算怎么做。如果可能，可以给每人一份工作手册或附有重建教练流程的海报。

2. 愿景

你首先要邀请团队设想一下他们期望的未来是怎样的，事情都是怎么运作的。你需要给大家做个介绍，邀请他们运用想象力去想象一下他们理想的未来是一幅什么样的画面：

让我们一起想象一下，一个月后，我们一起完成了这个教练项目，我们都为最后的结果感到特别高兴。你们的团队做得很棒，所有的问题都成过去，你们的老板也为项目的进展感到高兴。我想让你们花点时间描绘一幅尽可能详细的画面：有什么不一样了？你是怎么注意到这些变化的？外部的人看到了什么不同？你们把这个画面想象得越清晰、越具体，未来我们就越容易一起实现它。

你可以给你的问题加一个故事，激发大家的想象：

让我们想象一下，有一天我在机场碰到了你。我跟你打招呼，问你这是要去哪里。你告诉我你要去巴厘岛参加"工作环境及团队精神大会"。我很奇怪你怎么会去参加这样一个会议。你告诉我，你的团队受邀在大会上做主题演讲，因为你们赢得了年度国际梦之队竞赛大奖。我问你准备在会上讲什么，你告诉我，你没做什么特别准备，就是打算告诉大家你们在日常工作中是怎么处理各项事务，大家是如何相处的。你会怎么跟梦之队大赛的观众们介绍呢？

下面这个例子是个并不罕见的场景：企业兼并后，来自两个公司的部门需要合并成为一个部门。如何帮助他们变成一个有效合作的部门呢？

让我们假定你们的部门融合非常成功。事实上，你们的融合是如此之成功，甚至惊动了你们的CEO。六个月以后，你们的CEO想让企业杂志的编辑对你们的新部门做个专访，写篇文章，以便让大家都能学习你们的成功经验。这位编辑当然很想知道你们是怎么做到这一切的。她要给你们做个采访，了解一下你们都做了些什么。现在，请你们分成几个小组，想象一下采访者会问些什么问题，你们是怎样自豪地回答的。

很显然，根据上面的例子，你既可以让大家一起讨论，构建出团队共同的愿景，也可以把大家分成几个小组，以便每个人都能够积极地参与讨论。一旦大家共同创造出理想未来的画面，就把它写在每个人都能看到的大白纸上，然后你就可以让大家确定出能够帮助他们梦想成真的具体目标了。

3. 选择一个实施目标

现在你们已经对团队未来应该如何开展工作有了相对清晰的想法。下一步要做的是列出几个目标，也就是为了实现愿景，你们需要去改善的方面，或者你们需要做出改变的地方。哪些该成为你们的目标？哪些该是关注的焦点？让我们列出目标清单，然后看看我们该选哪一项或哪几项来着手实施。

通常一个团队会提出许多目标，不同的人会有不同的建议。很多建议会有重叠，或者大同小异。比如一个人建议要改善沟通，另一个人说要增强透明度，这实际上是一回事。团队成员提出的目标有些是心理层面的，比如"更好的沟通交流"，"相互欣赏"，"更好的团队精神"以及"更高的工作满意度"；也有些是管理及运营层面的："更好的会议组织"，"彼此有更多的了解"，"知道其他人在干什么"，"定期给彼此反馈"，"找领导谈需求前团队先达成一致"，"专人负责打印机"，等等。

把所有的目标都写在活动挂图上，然后开始讨论，看看从哪一个目标入手比较好。大部分情况下，团队会很快就首先要关注的目标达成一致，但有时也会有分歧，好像很难从几个相关目标中选出一个最值得关注的目标。当这种情况出现的时候，最好给出讨论的空间，允许大家继续讨论，十之八九，团队会对实施目标达成一致，毕竟选择一个特定的目标去实施也并不排斥同时实施其他目标。事实上，如果一个团队一时无法达成一致，你可以把他们分成两组，分别实施各自的目标。在有些情况下，即使一些人最初觉得另一个目标更重要，随着重建流程的深化，他们是有可能改变原来的想法的。这种情况特别容易出现在跟团队讨论目标的好处时，因为他们会看到他们原本想选的目标所能带来的好处刚好也出现在当前所选的团队目标的潜在价值清单上。

接下来是给目标命名。如果可能的话，可以再给目标制定一个口号或者一个可视符号。比如，一个团队决定要学会给彼此积极正向的反馈。他们想了一想，决定把项目命名为"Mutap"，这是他们自创的一个缩写词，对他们来说代表"相互欣赏"的意思。他们设计的项目口号是"快乐每一天"，符号是由团队中有艺术天赋的成员手绘的很搞笑的笑脸符。另一个团队决定要"并肩奋斗、共渡难关"，他们给目标命名为"一体"，口号是"伴我同行"，符号是击掌问候手势。总之，你一定要让团队自己去决定他们想要的名称、口号及符号。

4. 支持者

做个人教练的时候，你会很自然地想到邀请支持者。但其实对于团队教练，支持者的概念也同样重要，比如去告知与项目相关的合作方及其他关键人物，需要时请求他们的支持和帮助。关键人员可能包括上一层经理、人力资源部主管、健康及安全专员、培训部、相邻部门或者重要的客户，事实上任何可能对项目的成功有所帮助的人都可以被选为团队的支持者。

你可以问这样一些相关的问题：

- 关于这个项目你们需要通知哪些人？
- 为什么让他／她／他们了解这个项目很重要？
- 关于这个项目，你们还需要通知其他什么人吗？
- 他／她／他们能用什么方式为这个项目提供支持？
- 这个项目的成功对他／她／他们有什么帮助，或者好处？
- 你们想要怎样通知他／她／他们？
- 你们会怎样向他／她／他们报告项目的进展？
- 当达到预期目标的时候，你们希望用什么方式答谢他／她／他们？

5. 目标带来的好处

从激发动机的角度来看，带动团队成员一起讨论目标的价值或重要性是非常重要的：这个目标对每个人有什么好处、对团队有什么意义、对大家所在的组织有什么益处。团队成员能够看到越多目标的好处，就越会打心里把实现这个目标当回事。

我希望你们花些时间来想想，在最理想的情境里，达成目标会带来什么积极的影响。尽可能多地找出积极影响，先从自身开始思考，实现目标对你们个人有什么好处；然后把团队作为一个整体，想一想你们整个团队会怎样从这个目标中获益；最后再想想你们所在的组织、你们的客户、你们的长期合作同伴，他们是否会获益？会有哪些益处？

请给这个讨论留出足够的时间。团队成员在回答上述问题上花费的时间越多，能看到的目标带来好处的范围就越广。

6. 已经取得的进展

有时候你为之提供教练的可能是一个从没有合作过的新建团队，那么谈论"到目前为止的进展"就不大合适。但在大部分情形下，当你开始做团队教练的时候，你会发现，其实已经有一些进展了，他们已经为所选择的目标做了一些有效的事情了。你可以这样开始引导：

我想请你们花一点时间想想在实现目标的路上你们现在处在哪个位置。想象有一个刻度尺，刻度 10 代表已经完全实现了目标，刻度 1 代表最差的状况，根本没一点头绪。现在你们在刻度尺的什么地方？

对这个在焦点解决心理学里被称为"度量尺问题"的回答通常都在 1 分以上。当被这样提问时，人们通常会注意到一些积极的进展，或者想起来最近做过的一些和目标相关的事情。人们已经做过的不一定是什么重要的事，可能只是在一次会议上谈到过这个话题，或者提出了一个能够引发朝向目标改变的建议。

看起来，你们都同意现在大概在目标刻度尺的 3 到 5 之间。没有人认为你们是在 1 或 2 的位置，对吗？你们所有人都觉得你们已经有了一些进展，虽然具体在哪里可能大家还有不同的看法。我的下一个问题是，你看到了什么积极进展的信号让你觉得该是在 3、4 或 5 的地方？花点时间想想，然后把你们的观察写在这页纸上。

无论大家谈到的是什么，无论大事小事，显著或不显著，意识到已经存在的进展会产生乐观的气氛，并给人"事情正在朝着目标方向发展"的感觉。

7. 勾画未来的进展

对于想要达成目标的团队，很重要的一点是要勾画出一幅有关实际想要达成的结果的清晰画面。人们很容易说"我们想要更好的沟通""更开放""公平竞争"，但弄清楚上述状况在现实中到底意味着什么却并不容易：当有了"公平竞争"的时候，人们在一起是怎样互动的？"公平竞争"的一个说明性例子是什么样的？外部的观察者留意到了什么就会认为你们是在进行"公平竞争"？

为了保证你能到达你想去的地方，有一个路径图对你很重要。路径图不仅能够帮助你知道什么时候是到达了终点，也能告诉你是否走在正确的轨道上，告诉你已走过了多远，还剩多少路途。在重建项目中，你要让团队充分发挥他们的想象力，描绘出一幅通往目标的路径图。

让我们想象从现在起，事情将在正确的方向上快速推进，你们将在短短的几个月里实现你们的目标。现在，我要你们做的就是勾画出一个从当前状况到目标点的路径图。你们先要画出一级级台阶或者一段段弯道，然后在这上面标注出你的进展。下周出现的第一个标记是什么，表明你们确实走在正确的路途上？两周后会有些什么不同？三周以后呢？你们需要完成这样一个路径图，在每一个台阶上用实际的例子标记出每一步的进展。最后一级要给出一个详细的描述,说明你们实现了目标的样子,也就是说,有了这样的景象,你们的目标就算是实现了。

你应当给团队充足的时间来勾画他们的路径图。虽然用奇思妙想去勾画路径图比常规规划少一点苛求多一点乐趣,但你还是要知道勾画路径图依然是整个重建过程中最费力的一部分。

8. 不容易

这一步也许看起来有点矛盾:团队刚刚完成勾画进展的路径图,大家正感到欢欣鼓舞呢,你却又突然改变话题让他们去思索目标不易达成的原因。是的,这确实也是很重要的一步,就像我们前面解释的那样,详细讨论重建的各个步骤都非常重要。

现在我要让你们做的就是变得稍微现实一点。你可能比我更清楚达成目标并不像我们勾画出的那么容易。路途上可能会有一些阻力和障碍,我想你们并不想忽略它们。我现在并不要你们列出一个清单并制定相应的应对策略。我只是想让你们有机会提出这些问题,并且对后面将会遇到的挑战有点儿心理准备。

必须指出，在重建的流程中，此时并不需要团队做出计划和战略以应对潜在的阻力及障碍。在这里引出实现目标的路途中会有挑战的话题只是为了给谨慎的态度留有空间，并且给下个问题做个暖场和铺垫：尽管困难重重，是哪些东西让团队仍然对实现目标充满信心。

9. 仍然是可能的

重建流程中的一个亮点问题是"为什么尽管有挑战，团队成员依然坚信能够达成目标"，这个问题会引发对拥有的资源以及乐观理由的探索。

在这一阶段，一个特别有用的问题是关于团队成员所拥有的资源的问题。这是一个绝好的机会让团队成员相互认可彼此身上能够帮助团队达成目标的独特资源。

你们彼此都很了解，你们可能会说出每个成员拥有的能够帮助团队达成目标的独特品质、能力或天赋。让我们按名字首字母的顺序来做这个练习吧。从 Amy 开始，你们觉得 Amy 有哪些独特的品质、能力和天赋能够对我们达成目标有所贡献？

关于探索每个团队成员的优良品质、能力、天赋的对话不仅能够提升团队的士气，在大多数情况下，它还能对团队成员之间的关系产生长远的积极影响。

10. 承诺

在重建会议结束前,一定要记住让每个与会者说出他们在下次会议之前承诺要做的跟目标相关的事情。虽说好的计划就是成功的一半,而且目前所做的一切也许会带来积极的改变,但你不能百分百地指望它自动发生。相反,你应该让参与者给出承诺,下次会议前要具体做些什么去促进目标的实现。在商务领域,做出决定并给出承诺是契约精神及专业精神的体现,而缺乏明确计划和具体的行动方案则会显得业余而草率。

在大家当众给出各种承诺的时候,记得把这些承诺记录下来,并且注明每项承诺背后负责落实的人员。会议之后可以把承诺清单发放给每个与会者或者张贴在大家都能看到的地方。如果想让这个过程变得好玩一点,还可以换一种方式给出承诺:你不让与会者公开他们的承诺,而是让他们把承诺写在纸片上交给你。团队成员谁也不知道其他人的承诺是什么,你可以邀请他们在接下来的时间里注意观察别人的一言一行,努力去发现别人都在做些什么积极的改变。下次会议时你可以鼓励大家谈谈他注意到别人做了什么,为了达成目标每个人都做了哪些改进。

11. 跟进

常常会有这种情况发生，特别是在忙乱的环境中：团队同时参与几个活动，因此到了下一次的重建会议时，与会者已经不太记得上次会议的内容了。为了避免陷入如此尴尬的境地，要确保你自己或其他人把会议讨论的内容记录下来。这样，下次会议开始时你就可以先回顾一下记录，帮助大家回忆起上次会议都做了哪些事情。

还有一个保持会议之间连续性的方法，就是在每次会议结束后预留一点儿时间给参会者写一个邮件，总结会议讨论的要点，提醒大家会后的行动以及大家达成一致的其他事项。

另外，你还要和团队约定，在两次会议之间，他们要负责更新进展日志。进展日志可以是一大张贴在墙上的纸，团队成员可以随时自发写下自己观察到的进展；也可以是一份日记，由一个大家推举出的人收集并记录下列信息——已经完成的事，大家注意到的一些进展以及项目已经产生的任何积极的影响。

这些有关进展的证据对下次或后续会议有很大的帮助。有一些问题，像是"团队成员注意到什么积极的改变，他们做了什么特别的事情，他们注意到其他人做了什么，以及他们从外部得到了什么支持"，都会让会议中的对话人溢满自豪感，让大家感到来自彼此的欣赏以及对外部帮助的感激之情。

12. 为挫折做好准备

在重建对话展开的早些时候你已经让大家谈论过为什么达成目标并不容易。那时并没有让大家做出应对可能的困难的策略，而仅仅是让他们说出心中的担忧，让大家意识到达成目标并不像起初想象的那么容易。

为挫折做好准备则要更进一步。在这里你要明确要求他们预见前路可能出现的问题，并制定应对问题的策略。这一点非常重要，因为如果团队没有提前准备应对挫折，那么当挫折真正来临时，他们的应对就有可能危及整个项目。

团队为挫折所做的准备会各不相同。有时候是相当详细的计划，有时候却仅需要预想一个面对前路挫折的大体原则或态度，"我们要面对它并且接受它"，他们可能会这么说。无论团队拿出的是详细计划还是一个大体的原则，这些并不是最重要的，最重要的是对挫折有预见而不是单单希望挫折根本不会发生。

你也许会想，什么时候是引入挫折准备这个话题的合适时机呢？这个没有标准答案，你可能在承诺环节之前就想进行这个话题了。我们惯常的做法是先不提这回事，到了第一或第二次后续会议时才提，因为我们注意到问题及挫折通常很少出现在项目初期，而往往出现在项目进展一段时间后。

13. 庆祝

最后一步，也就是最后一次的跟踪会议，应该用一种庆祝的方式举行。这倒不是说一定要有蛋糕和香槟（有的话当然不错），但一定要有项目总结，包括对项目进展的确认及对每个人贡献的认可。这就好像是在说："这就是我们决定要做的，这就是我们做过的，这就是我们完成的，这就是我们值得自豪的。"

总结会上也可以就与会者在重建项目中有什么体验、有什么收获展开讨论。你会发现，对许多人来说，参与重建项目的过程是他们的一个重要的学习经历。它不仅仅是一系列设定目标并达成目标的过程，它更让人们直接体验如何在一种充满激情、合作及相互欣赏的气氛中用建设性的方式一起工作，并引发改变。

第九章
风暴之后：如何帮助组织从重大变革中复原

当今时代常需要面临的一个挑战是，组织需要从更频繁的重构或重组中复原。重建的作用之一就是帮助团队、部门甚至整个组织在受到重组的干扰之后重回原来的运行水平，甚至是更高的运行水平。

一次组织变革可能会成为员工以及管理者压力的主要来源。作为变革带来的结果，之前一起紧密工作的伙伴可能会被分开，然后被迫同全新的团队一起工作。变化也可能是权力位置的大迁移：一些人可能丢掉管理层的位置，同时另一些人却坐上拥有更高权力的交椅。职责可能会变，职位描述也可能会变……众多的变化会引发不安全感，反过来，对大多数人来说，这种不安全感又变成了压力的一个主要来源。

在压力下的人们是无法很好地共事的。问题不断、效率降低。工作满意度降低，走廊里和咖啡间里到处都是抱怨的声音。

当你作为教练所要辅导的团队或部门正处于这种状况的时候，我们发现，非常重要的一点是从客户的需要出发，开始你们的对话。不能像通常那样，一上来就邀请与会者去构建美好未来的愿景，而是要先在个体层面上讨论并确认那些压力反应。只有帮助与会者理解到人们在组织变革过程中普遍存在的压力反应，我们才能去看重构或重组后，组织出现了哪些运作方面的问题。把问题看成变革过程中不可避免的、意料之中的反应，会避免更多的相互责备，才能确保大家愿意一起合作，把问题转换为目标，然后开启重建流程。

1. 探索压力反应

很多研究表明，组织变革对大部分人来说都会带来极大的压力。你或许注意到了你自己或其他同事身上的压力信号。很显然，每个人对压力的反应都不尽相同，但通常都会表现在四个层面上：生理层面、想法层面、感受层面及行为层面。

人们可能会在身体上对组织变革带来的压力产生不同的反应，比如可能是食欲不振，可能是疲倦，也可能是失眠。

人们的想法也会改变。比如有人可能突然会对他的这份工作或一起共事的同事有了跟从前完全不同的看法。

一个人可能发现自己会没来由地感到悲哀、恼怒、担心，也有些人会感觉如释重负。

还能看到人们在行为层面的变化。比如过去常去健身的人,现在再也不去了;或者过去只在周末喝啤酒,现在工作日也开始喝上了。现在,我想让你们找到平时不在一起工作的人组成4—5人一组。待会儿你们还是要回到实际的团队里去工作,但是这会儿,我要你们跟以前不太熟悉的人在一组讨论一下压力反应,并做出一份反应清单,包括自己亲身体验的一些反应以及你观察到的别人的一些反应。用四个象限来记录:生理层面、想法层面、感受层面以及行为层面的不同反应。10分钟后回来,我要请你们每个小组分享各自的发现。

如果讨论小组的人数很少,讨论会倾向于更私人化,与会者会更愿意与他人分享自身的压力反应。如果讨论小组人数比较多,尽管讨论记录是匿名的,一般来说,讨论也只会在人们普遍的压力反应层面展开。这些讨论的目的是为了帮助人们认识到,各种不同的压力反应,包括他们自己的各种体验,都是正常的。

2. 找出组织层面的问题

一旦个人对压力的反应被充分讨论了,与会者就会感到自身的痛苦得到了重视,这时候就可以把话题转向组织变革带来的问题上了。

组织变革不仅对个人造成干扰，也对组织自身功能造成扰乱。现在我想要你们按平时工作的团队分成小组，找出因为机构变化对你们组织造成的不良影响，新出现的或者变得更糟的问题。现在每组拿一根标记笔和一张白板纸，在纸的中间画一条竖线，把这张纸分成左右两部分，左边用来写问题，右边用来写目标。你在两边的上部分别标上"问题"和"目标"。你们的任务是找出你注意到的关键问题并把它们写在左侧。下一步，我会请你们把这些问题转变为想要的目标，不过现在不用做。等一下我会告诉你们具体要怎么做。

我给你们十分钟的时间，我想应该够了。

当几个小组再次回到大组里，一起讨论他们找出的问题时，你会发现有几个关键问题总是会冒出来："士气低迷"，"工作重点不对"，"为鸡毛蒜皮的事扯皮"，"岗位描述不清晰"，"优先级问题"，"信息缺失"，"沟通不畅"，"效率低下"以及"目标不明确"。

3. 把问题转变为目标

你的下一个任务是让团队找出他们列出的每一个问题所对应的目标。为了做好这一步，你需要事先跟与会者介绍一下目标转换的方法，这个方法我们已经在第六章探讨过了。

现在我要你们回到自己小组，在你们手上的那张纸的右侧写下对应左侧问题的相关目标。比方说，左侧的一个问题是"岗位描述不清晰"，那么对应的目标也许就是"澄清岗位描述"，你就把它写在对应的右侧；如果左侧的问题是"工作重点不对"，那么对应的目标就是"找到正确的工作重点"，然后写在对应的右侧。在把问题转化成目标的时候，请记住：问题是你不想要的，目标是你想要的；问题是你要停止的，目标是你更希望出现的样子。

4. 继续重建流程

一旦团队一起找出了关键问题并且成功地把问题转变成了目标，你就可以带着他们继续后续的重建步骤了。接下去，与会者就可以回到自己的实际团队里开始重建的旅程，他们可以一起选出一个目标进行讨论，找出目标带来的好处以及支持者，等等。

*** ***

我们已经成功地在许多不同的公司及组织内部运用过这种方法。根据我们的经验，这套流程非常有效，我们非常确信这一点，是因为这种方式让参与者感觉自己被尊重、被倾听和被重视。

事实上，这种方法也和建设性地回应批评的原则非常类似。当和那些想要批评或者抱怨的人进行对话时，你首先要做的就是耐心倾听，并对批评者的不幸或不愉快的经历表示理解；其次，只要有可能，你要勇于去承担哪怕是部分的责任，同时向对方显示愿意努力推动事情好转的诚意；最后在对话中要把问题转化为目标，并最终找到一个相应的行动计划去达成目标。我们这一节谈到的"风暴之后"的处理模式跟"建设性回应批评的原则"是一致的。

运用了"风暴之后"的方法，你会惊喜地发现，在问题转变为目标的那一刻，会议的气氛会立刻发生戏剧性的改变。大家的表情变得轻松活泼，整个会场的能量获得提升。把焦点从问题转移到切实可行的目标上给与会者带来了复苏的希望，因为大家意识到他们是可以一起努力去改善现有状况的。

第十章
走出困境：关于工作环境调查问卷的处理

如今大量的公司和机构都在使用年度工作环境调查问卷来评估员工的满意度、监测员工压力以及找出组织运行中出现的问题。

当一个部门的问卷结果良好或高于平均值时，进展会很顺利。部门经理向员工展示问卷结果，每个人都为好的结果感到自豪与开心。

但当问卷结果比较差或某些部门或领域的结果低于平均值时，事情就会变得有些复杂。人们会为如何使用这些信息而大伤脑筋，他们很可能会用一种无益的方式去讨论那些问题。若处理不当，在最糟糕的情况下，整个部门会陷入被称为"责备风暴"的状况：这是一种恶性循环，人们试图对评估的坏结果做解释，结果变成了对其他人的指责；受到指责的人会本能地防御，而当人们觉得需要自我防御时，就会开始指责其他人。

为了避免落入这种不幸的陷阱，需要谨慎地考虑如何进行针对工作环境调查问卷结果的讨论。重建教练流程——一种聚焦于未来、把问题转变为目标的沟通方式会特别适合这种难题。

无论你是实施问卷调查的部门的负责人还是该部门请来的外部教练，都可以用下面的步骤让针对问卷结果的沟通有最好的效果。

· **步骤1**

在讨论工作环境调查问卷结果之前先花点时间解释：为什么要做问卷调查，为什么要做问卷结果反馈——是为了关照员工的福祉，也是为了改进组织的运作。

· **步骤2**

在多数情况下，工作环境调查问卷结果既显示一个单位运行中的优势部分也显示其不足部分。相关人员谈起问卷结果时往往会较少关注甚至完全忽略报告中强调的优势部分，而只聚焦于测评指出的不足之处。以"重建"的焦点解决模式工作时，你不会略过这些优势，而是会用心引导员工在这部分进行深入的探索。你可以用下列问题来发问：

- 在这些优势里,你们对哪一个认可感到最为欣喜?
- 这些优势是怎么来的呢?你们有什么解释吗?
- 你自己对这些优势有什么贡献?
- 你是如何注意到你的同事对这些优势做出的贡献的?
- 为了保证在明年的测评中还能保持今年的这些优势,哪些事或者做法要持续保持下去?

对优势的探索会提升员工的士气并创造出相互欣赏的氛围,从而为后面建设性谈论问卷指出的不足铺平道路。

· **步骤3**

当对优势做过充分的探讨之后,就该讨论问卷中反映出的不足之处或需要改进之处了。概述不足后,遵循重建的原则,你有两个选择:可以带领员工去构建一个理想未来的愿景,或者直接把不足转化为要实现的目标。

现在你们都知道了你们的优势,也知道了尚需改进的地方。我想这些信息已经足以帮助你们去构想你们所期待的明年的问卷结果。让我们想象一下,一年以后你们这个部门的问卷结果是全公司有史以来最好的。所有的指标都是绿色的,你们刚听说连CEO也对你们这样的结果印象深刻。现在我要把你们分成几个小组，分头去勾画你们想要的愿景：当你们部门在最佳状态运行时，问卷结果里会怎样说到你们部门？你们自己又是怎么描述你们部门的？

现在你们知道了那些尚待改进的地方，我想要你们分成几个小组，根据这些信息提出三个你们认为最值得实现的目标。当你们在纸上写下目标的时候，一定要从正面描述，就是你们想在什么方面变得更好，而不是要改掉什么不够好的地方。

不论是让员工勾画美好未来的愿景，还是让他们把不足转变为目标，接下来你都可以继续重建流程里的那些步骤了。

第十一章
微重建

为了演示重建的原则,我们设计了一个微缩版的流程,叫作"微重建"。这是一张有 10 个问题的问卷表。

我们借用这个问卷表把焦点解决教练的核心思想传授给来自不同领域的人们,包括经理人、督导、教育工作者、护工及运动员。

"微重建"给访谈者及受访者双方都带来了学习体验,让我们看到精心设计的"焦点解决问题"可以如此强力地影响到会谈者的情绪及受访者的积极性。

下面就是微重建问卷表中的问题:

a. 你的目标是什么?
b. 你的目标能够给你带来什么好处?
c. 你的目标能够给别人带来什么好处?

d. 如果用1—10分的度量尺给自己打分，你目前处在哪里（10分代表你已经达到理想目标，1分表示你还在起始点，还没怎么开始想这个目标呢）？
　　e. 你做过的哪些事让你到达了目前的位置？
　　f. 哪些人曾经帮过你？他们是怎么帮你的？
　　g. 当你在度量尺上已经前进了一步时，会有些什么迹象？
　　h. 哪些事情会让你有信心，相信自己一定能够达成目标？
　　i. 你会把你的进展告诉哪些人？
　　j. 实现了目标的时候，你会想感谢哪些人的帮助或支持？

　　微重建问卷已经相当清晰了。不过为保险起见，让我们对每个问题再做一些说明。

1. 你的目标是什么？

　　"微重建"从目标开始，为的是帮助你的受访者确定一个目标，你可以这样问出你的问题："有没有什么想学的东西？或者想改变的、想变得更好的方面？"

2. 你的目标能够给你带来什么好处？

　　试着找出尽可能多的好处。在受访者的回答后追问一句

"这怎么就对你有好处了？"以及"还有呢？"，直到你觉得关于这个话题的信息已经足够了，然后再往下走。

3. 你的目标能够给别人带来什么好处？

让我们把对好处的探索扩大到其他可能从你的目标中受益的人身上，比如同事、家人、客户，或者朋友。

4. 如果用1—10分的度量尺给你自己打分，你目前处在哪里（10分代表你已经达到理想目标，1分表示你还在起始点，还没怎么开始想这个目标呢）？

你可以根据受访者的目标把这个问题问得更个性化，比如："如果用1—10分的度量尺给你自己打分，10分代表你能够流利地用西班牙语对话，享受阅读西班牙文的文学作品及诗歌，1分代表你只知道'hola''hombre'这几个西班牙词，那你现在打几分？"

5. 你做过的哪些事让你到达了目前的位置？

这个问题是跟着前面的度量尺问题而来的。一般来说，人们对度量尺问题的回答总是大于1的，因此问他/她做过什么能让他/她达到所选定的数字是一件很自然的事儿。

6. 哪些人曾经帮过你？他们是怎么帮你的？

帮助受访者找出尽可能多的、曾经以某种方式直接或间接地帮助他/她的人，看看这些人是如何帮助他/她取得了前面问题中谈到的进展的。

7. 当你在度量尺上已经前进了一步时，会有些什么迹象？

这个问题不是要帮受访者制订一个达成目标的计划，而是要确认需要迈向目标的很小的下一步。

8. 哪些事情会让你有信心，相信自己一定能够达成目标？

这是一个开放式的问题，引出一段增强受访者乐观性的对话。你可以帮助受访者想到他/她的资源、以前达成类似目标的成功经历、可能的外部支持，等等。

9. 你会把你的进步告诉哪些人？

为了让你的进步被看到、被珍惜，一定要做一些后续的跟随，比如至少要确保制订计划的人能够在身边找到一两个人定时跟他们分享自己的进步。

10. 实现了目标的时候，你会想感谢哪些人的帮助或支持？

受访者肯定会提到那些帮助过他/她的人，但你要帮助他们发现其他更多的可能为他们提供过支持的资源。

*** ***

如果你需要辅导或教授一组人使用"微重建"，那么你可以让参与者两两结对，轮流做互相访谈。采访者负责做记录，并在采访结束时把完整的记录作为访谈的成果交给受访者。完成访谈后还有两个评估性问题："你喜欢这个访谈吗？""你准备如何在日常工作中运用这里面的一些理念？"

除了可以把它作为工具来传授一些焦点解决的教练技巧，"微重建"还可用来帮你实现传播焦点解决心理学的野心，让它成为企业文化的一部分。你需要有一个整体计划，设法让组织中的每个人都有机会做采访者，用微重建的问题向另外一个人做一次访问，也作为受访者去体验一次微重建——被提问，然后组织一次集体座谈，请大家分享这两次体验的感悟和收获，探讨如何把所学到的带回到日常的工作中。借助这种简单的方式，就可以把焦点解决的理念引入到任何规模的组织中。

第十二章
战胜生命中的不幸

——战胜不幸的自豪感会消除不幸带来的痛苦。

重建除了可以帮助人们描绘从普通的变革或项目实施中通往成功的路径图，还可以帮助人们战胜不幸或意外，走出生命中的艰难时刻。

当生活中一些不幸的事件发生时，我们会遭受失去所爱的痛苦，比如丢失了工作，或得了重病，大部分人在这个时候会感到失去了平衡，会出现压力下的种种症状，甚至会丧失工作能力及打理日常生活的能力。在家人和朋友，有时是专业人员的帮助和支持下，我们会逐渐恢复，直至最后重新找回平衡。

刚刚经历了不幸的人们面对所发生的一切常常是茫然而不知所措的。他们需要跟别人分享他们的经历，需要一遍又一遍地诉说以搞清到底发生了什么；之后的很长一段时间里还会纠缠在诸如"为什么偏偏是我？""是我自己的错吗？""当时我做错了吗？""我能阻止这一切的发生吗？"及"这对我将来的生活会有什么影响？"这类的问题里。

帮助人们走出人生低谷的第一步是帮他们找到那些挥之不去的问题的满意答案。如果能够让他们回顾并且看到事实真相，能够用理解代替自责，理解自己当时已经尽了全力，理解这种事情可能发生在任何人身上，能够开始认识到虽然发生了这种事，明天还要继续，将是一个莫大的释怀和疗愈。

1. 构建梦想

如果生活中的一次重大打击毁掉了我们内心重要的梦想和希望，我们会觉得失去了未来。生活在一个没有未来的世界上会让人觉得没有立足之地。在这种情况下，逐步用新的可实现的梦想代替旧的难以实现的希望和梦想是疗愈过程中的重要一步。

完全从你所经历的这类事情中恢复，通常都会需要一些时间。没人能够预计你到底需要多长时间，但最终你肯定会痊愈并重获平衡的。让我们想象一下吧，一段时间过去了，可能是一年、两年，也可能是几年，你感到你已经从这次的不幸中走了出来。你能够想象一下那时的生活是什么样的吗？你会在做什么工作？在哪里生活？哪些是你生活中喜爱的事情？回想起曾经发生的事情你会有什么感受？

2. 设定目标

经历过生活的重大打击的人们通常会感到困惑并且觉得失去了生活的焦点。可能会感觉有上百件事要打理，可事情如一团乱麻，"剪不断，理还乱"，让人不知道从哪里下手。这时，如果能够帮助他们找到一个清晰的聚焦点，做一个简单的决定，看看下一步要做什么，或者将精力集中在什么事上，就会帮他们改善眼前的混乱状态。

有这么多的事情要考虑、要协调，难怪你会觉得困惑，无法确定要做什么。也许，你应该先确定一下眼前最需要专心去做的事，而不是想着同时关照到所有的事情，你觉得呢？就你现在而言什么事情是最重要的呢？

3. 看到目标的好处

不论人们选择什么作为第一要务，比如专心工作，照顾孩子，找一所新住处，安排葬礼，或者打赢官司，都必须要做一个简要的关于重要性的讨论。

你决定眼下先忙乎（某件事）可能是对的。为什么你觉得先打理这事会对你比较有好处呢？你觉得做这件事是不是也对别人，比如你的家人、朋友、同事有好处？对他们都有些什么好处呢？

4. 招募支持者

如果你问那些从生活的重大打击中走出来的人们，是什么对他们的疗愈和恢复帮助最大，他们都无一例外地提到那些支持过他们的人，特别是朋友和家人，也有时是专业人士或者那些跟他们有类似经历的人们。很明显，要从生活中的不幸恢复过来，我们都需要跟他人倾诉。

在这种情形下，我们都需要别人的支持。到目前为止，哪些人给你的帮助最大？他们是怎么帮到你的？这些人可以怎样继续为你提供支持？你有没有想过其他什么人也能在这种生命时刻给你支持呢？你会怎样跟这些人谈论你的处境？你会怎样请求他们的帮助呢？

5. 关注到已有的进展

恢复的进程其实从突发事件发生后的那一刻就开始了。不管事件是半小时前发生的，还是一个月前发生的，恢复的过程都一直在进行中。意识到自己已经做过的事和已经采取过的措施会给后续恢复带来希望和信任。

我知道你还需要不少时间才能从这件事中完全复原，不过看起来你已经从最初的震惊中恢复一些了。你是怎么做到的？你都做了哪些事情来帮助自己应对这件事？看起来你做得不错！你是怎么想到去做这些事的？你还做了些什么帮助到了你自己的复原？

6. 勾画出疗愈的步骤

我曾经上过几节学习康佳鼓的课。老师告诉我们，如果你能唱出你想敲击的节奏，就能把它打出来。我想这个类比也可用在突发事件的疗愈中：如果你能够想象出你的康复之路，你就能走上这条路。回答疗愈的步骤到底是怎样的并不容易，也许要花不少的时间，但坚持就有回报，想象中的恢复过程会变成自我预言的路标，指引人们走上重获平衡之路。

没有人知道你的恢复过程会是怎样的，因为每个人都不一样，对发生在自己身上的事情的反应也不一样。但是看起来你做得很好，事情很有可能会进展顺利。假定我是对的，你真的一天比一天好起来了，一周后我见到你，我问你觉得怎么样，你说比我们上次见面时好一点了。我想让你多说一点，你觉得你会告诉我什么呢？有什么迹象显示你感觉好点了？那么两周后会怎样呢？如果你告诉我比上次又好了一点，你会跟我说些什么呢？也许我还会问你，有没有什么其他人注意到你有些好转了？你会怎么对我说呢？一个月后、一年或两年以后会怎样呢？有什么迹象显示你又进步了，或者已经摆脱了那件事的困扰了呢？

7. 承认挑战

从某种程度上说，帮助和支持人们走出突发事件的阴影是完全可能的。但我们也一定要记住，无论我们做什么，恢复的过程通常都是漫长的，并且一定会历经一些痛苦和挣扎。

跟人们讨论如何帮助他走出不幸的方法时会有一个风险，那就是会让他误以为他应该能够快速有效地从发生的事情里恢复过来，或者感觉别人都在期待他能快速有效地恢复。不幸的是，任何加快疗愈过程的要求都只会让事情变得更糟，不管这要求是来自当事人还是其他什么人。而责备自己不能像期待的那样快速恢复则完全于事无补。

公开讨论恢复过程的不容易有助于避免掉入自责的陷阱，并帮助人们从不切实际或非理性的快速复原的期望中解放出来。

我们现在要讨论一下，看看你能做些什么帮助自己从已经发生的事情中恢复过来。不过，我不想让你觉得我认为这很容易。因为我从自身的经历里也能知道，应对生活中的压力事件一点都不容易，它通常是个非常艰难的过程。你觉得呢？有没有什么时候你能感受到来自外部的压力？你有给自己压力吗？是不是有时候你也对自己有些过度的期待？

8. 找到自信的理由

"希望"具有一股治愈的力量。那些对自己的康复抱有乐观态度的人比持有怀疑态度的人更有可能康复。通过帮助人们看到那些让他们有理由怀抱希望的事实，你可以帮助人们对所处的状况抱有更大希望。

你对自己最终会克服这一切、渡过难关有多大的信心？是什么给了你这份信心？你之前克服过类似的难关吗？你是怎么做到的？你有什么优势或个人特质能够帮助你跨越这个难关？你的力量源泉是什么？还有什么理由让你相信自己最终能度过这一切？你想听听我为什么对你感到乐观吗？

从前战胜类似不幸的经历、已经取得的进展、其他人的支持以及个体优势和资源，等等，这些话题的讨论都有助于激发更多的希望。

9. 做出承诺

我们最初设计重建流程时决定用"承诺"这个词来代表由当事人做出的要迈向目标的决定。然而,当谈到从生活中的重大挫折中恢复时,感到用"计划"一词比"承诺"更合适一些。面对麻烦,最好有个计划。想想你要是生病了,但不知道哪出了问题,你去找大夫。大夫给你做了彻底的检查,告诉你他的计划。虽然你恐怕还是不知道自己到底哪儿有毛病了,但有了这个清晰的计划就会让你镇定下来。这个情形跟人们面对麻烦不知所措时的状况是一样的。

在接下来一周,你好像有许多要做的事。你准备怎么处理每一件事呢?一定要注意,别让自己太累了。也许先给下周做个规划会对你有些帮助,你觉得呢?如果你给自己先定一个下周的计划怎么样?

10. 确保后续跟踪

处于恢复过程中的人常常对自身的进展视而不见,从而产生一种被卡住了的错觉。因此非常重要的一点是找人谈一谈,分享一下自己的进展情况，说说自己的计划。

你可能需要有人陪伴你一程，因为你要穿越生命旅程中最艰难的一段时间。哪些人能够陪伴你呢？谁会愿意一路跟随你的疗愈进展，并在你的恢复过程中给你提供支持呢？

11. 为挫折做准备

从重大打击中恢复的过程很少能一帆风顺，很少人能够做到一天比一天表现得好。大多数情况下的疗愈过程更像过山车，刚过了一天的好日子，后边就跟着两天的坏日子，或者反过来。时好时坏的恢复过程很正常。记住这一点会帮助人们在一些艰难的时刻或阶段不至陷入绝望。

我相信你是知道的，前面一定会有一些困难的时刻，你可能会经历强烈的情绪体验。或许最好提前有所准备，想好发生那种情况时要如何应对。有没有什么特别的困难，你担心自己应付不了的？

12. 庆祝成功以及感谢他人

庆祝成功这个主意可能不适合一个人从重大打击中恢复过

来的情形。不过重建流程中最后这个环节的另一部分——"答谢支持者"在这里则是非常必要的。事实上，大部分从重大打击中走出来的人都会自发地想要表达对那些给他提供了帮助或支持的人们的感谢，感谢他们陪伴他走过低谷、给了他战胜困难的勇气和力量。

当人们因为给予他人支持而得到感谢的时候，会很高兴并且乐意继续给予力所能及的帮助。另外，让别人知道你对他们的支持心怀感激会激发出一种很深的连接及归属感，这本身也会促进康复并且增强疗愈。

后　记

读完这本书的时候，你已经熟悉了重建的流程。或许你已确信重建的步骤可以广泛地用于各种情形，帮助人们面对变化、发展及改善的需要。现在，你也知道了如何应用这些步骤去解决问题、应对变化以及达成目标，不管你是在为个人、小群体、团队，还是整个机构提供教练。

然而，当你已经熟悉了这种方法以后，你也许会发现，重建除了是一套帮助人们改变的指南，在某种意义上它也是一套"改变的哲学"，它具有创造性解决问题的视角，教你深度理解动机对于改变的重要性以及如何增强动机，理解变革的环境概念，即群体不仅要参与决定什么需要变革，也要参与实现变革的过程。

我们希望你可以找到机会，在你的工作环境中实践重建的流程以验证它的神奇效果。不过，只要你发现重建的某些基本理念对于你的工作或者个人生活有价值，我们也同样会感到十分欣喜的。